U0212090

《“中国制造2025”出版工程》
编 委 会

“十三五”国家重点出版物
出版规划项目

信息通信技术(ICT)与智能制造

马 楠　黄育侦　秦晓琦　编著

化学工业出版社
·北 京·

本书探讨了信息通信技术（ICT）与智能制造业的相互促进和融合问题。书中不但涉及以5G为代表的先进移动通信网络、物联网、工业互联网和工业大数据等新技术，也对信息物理系统（CPS）进行了详细介绍。此外，以智能制造中的手机制造为例，研究通信与制造的结合、通信测试测量仪器的原理及其在手机制造中的应用，也是本书的一个特色。

本书可供信息通信行业、工业制造领域的技术人员阅读，也可以作为相关专业高年级本科生和研究生的学习参考。

图书在版编目（CIP）数据

信息通信技术（ICT）与智能制造/马楠，黄育侦，秦晓琦编著. —北京：化学工业出版社，2019.3（2023.9重印）
“中国制造2025”出版工程
ISBN 978-7-122-33734-4

Ⅰ.①信… Ⅱ.①马…②黄…③秦… Ⅲ.①信息技术-通信技术-应用-智能制造系统-研究 Ⅳ.①TH166-39

中国版本图书馆CIP数据核字（2019）第010091号

责任编辑：宋 辉　　　文字编辑：陈 喆
责任校对：王素芹　　　装帧设计：尹琳琳

出版发行：化学工业出版社（北京市东城区青年湖南街13号　邮政编码100011）
印　　装：北京科印技术咨询服务有限公司数码印刷分部
710mm×1000mm　1/16　印张12¼　字数224千字　2023年9月北京第1版第4次印刷

购书咨询：010-64518888　　　售后服务：010-64518899
网　　址：http://www.cip.com.cn
凡购买本书，如有缺损质量问题，本社销售中心负责调换。

定　价：56.00元

序

制造业是国民经济的主体，是立国之本、兴国之器、强国之基。近十年来，我国制造业持续快速发展，综合实力不断增强，国际地位得到大幅提升，已成为世界制造业规模最大的国家。但我国仍处于工业化进程中，大而不强的问题突出，与先进国家相比还有较大差距。为解决制造业大而不强、自主创新能力弱、关键核心技术与高端装备对外依存度高等制约我国发展的问题，国务院于 2015 年 5 月 8 日发布了“中国制造 2025”国家规划。随后，工信部发布了“中国制造 2025”规划，提出了我国制造业“三步走”的强国发展战略及 2025 年的奋斗目标、指导方针和战略路线，制定了九大战略任务、十大重点发展领域。2016 年 8 月 19 日，工信部、国家发展改革委、科技部、财政部四部委联合发布了“中国制造 2025”制造业创新中心、工业强基、绿色制造、智能制造和高端装备创新五大工程实施指南。

为了响应党中央、国务院做出的建设制造强国的重大战略部署，各地政府、企业、科研部门都在进行积极的探索和部署。加快推动新一代信息技术与制造技术融合发展，推动我国制造模式从“中国制造”向“中国智造”转变，加快实现我国制造业由大变强，正成为我们新的历史使命。当前，信息革命进程持续快速演进，物联网、云计算、大数据、人工智能等技术广泛渗透于经济社会各个领域，信息经济繁荣程度成为国家实力的重要标志。增材制造（3D 打印）、机器人与智能制造、控制和信息技术、人工智能等领域技术不断取得重大突破，推动传统工业体系分化变革，并将重塑制造业国际分工格局。制造技术与互联网等信息技术融合发展，成为新一轮科技革命和产业变革的重大趋势和主要特征。在这种中国制造业大发展、大变革背景之下，化学工业出版社主动顺应技术和产业发展趋势，组织出版《“中国制造 2025”出版工程》丛书可谓勇于引领、恰逢其时。

《“中国制造 2025”出版工程》丛书是紧紧围绕国务院发布的实施制造强国战略的第一个十年的行动纲领——“中国制造 2025”的一套高水平、原创性强的学术专著。丛书立足智能制造及装备、控制及信息技术两大领域，涵盖了物联网、大数据、3D 打印、机器人、智能装备、工业网络安全、知识自动化、人工智能等一系列核心技术。 丛书的选题策划紧密结合“中国制造 2025”规划及 11 个配套实施指南、行动计划或专项规划，每个分册针对各个领域的一些核心技术组织内容，集中体现了国内制造业领域的技术发展成果，旨在加强先进技术的研发、推广和应用，为“中国制造 2025”行动纲领的落地生根提供了有针对性的方向引导和系统性的技术参考。

这套书集中体现以下几大特点：

首先，丛书内容都力求原创，以网络化、智能化技术为核心，汇集了许多前沿科技，反映了国内外最新的一些技术成果，尤其使国内的相关原创性科技成果得到了体现。 这些图书中，包含了获得国家与省部级诸多科技奖励的许多新技术，因此，图书的出版对新技术的推广应用很有帮助！ 这些内容不仅为技术人员解决实际问题，也为研究提供新方向、拓展新思路。

其次，丛书各分册在介绍相应专业领域的新技术、新理论和新方法的同时，优先介绍有应用前景的新技术及其推广应用的范例，以促进优秀科研成果向产业的转化。

丛书由我国控制工程专家孙优贤院士牵头并担任编委会主任，吴澄、王天然、郑南宁等多位院士参与策划组织工作，众多长江学者、杰青、优青等中青年学者参与具体的编写工作，具有较高的学术水平与编写质量。

相信本套丛书的出版对推动“中国制造 2025”国家重要战略规划的实施具有积极的意义，可以有效促进我国智能制造技术的研发和创新，推动装备制造业的技术转型和升级，提高产品的设计能力和技术水平，从而多角度地提升中国制造业的核心竞争力。

中国工程院院士 潘云鹤

前言

信息通信技术（Information Communication Technology，ICT）领域，尤其是移动通信领域，是我国具有国际竞争力的领域之一。21世纪以来，信息通信技术在我国得到高速发展，使我国步入通信强国的行列。

我国在移动通信领域已经走出了一条“1G空白、2G跟随、3G突破、4G同步、5G引领”的创新之路。5G针对性地提出了三种应用场景：增强移动宽带、大规模机器通信和高可靠低时延通信场景，除了满足人的通信需求外，更多的是考虑了机器通信的需求。广义的5G网络将融合多类现有或未来的无线接入传输技术和功能网络，包括传统蜂窝网络、认知无线网络（CR）、无线局域网（WiFi）、无线传感器网络（WSN）、可见光通信（VLC）等。

信息物理系统（Cyber-Physical Systems，CPS）是支撑信息化和工业化深度融合的一套综合技术体系。本书作者尝试从信息与通信工程学科的角度，分析信息通信技术与工业制造的结合方式，深入讨论其推动智能制造的发展模式，提出了ICT与CPS结合的技术体系架构。

本书基于三位作者在ICT领域的理论基础以及在智能制造领域的实践经验撰写而成。本书共分为6章，其中第1章、第2章由黄育侦编写；第3章、第6章由马楠编写；第4章、第5章由秦晓琦编写；马楠负责完成了全书的统稿。作者在此特别感谢北京邮电大学张平教授对本书的指导，三位作者均师从张平教授，他渊博的知识和在信息通信科技领域孜孜不倦的探索精神，鼓励作者完成了这项艰巨的工作。此外，北京邮电大学张治副教授提出了许多宝贵的建议，在此向他致以诚挚的谢意。参与本书资料收集和整理的博士生、研究生均来自北京邮电大学无线新技术研究室，其中李晓夙、王凌锋、李胥希、王妙伊、牛煜霞、周方圆参与了第3、6章工作；李世林、孟月、王紫荆、厉承林、贾泽坤参与了第1、2章工作；刘龙、夏洋洋、朱叶青、项明均、黄舒晨参与了第 4、5 章工作。 在此一并表示感谢。

由于编写时间仓促，难免会出现不足之处，敬请批评指正。

编著者

目录

中国制造
2025

第1章

智能制造概述

1.1 智能制造的背景

近年来，随着科学技术的发展，特别是5G通信技术、物联网技术、人工智能技术、量子加密技术等的大力推进，人类社会正在发生深层次的变革。而这些技术的发展，为推进新工业革命、加快制造业转型奠定了强大的基础。

a. 虚拟现实、人工智能、增强现实已经慢慢深入人们的生活，互联网与通信技术的高度发展为人们生活带来了很多便利，也进一步加速了科技的发展。

b. 越来越多功能强大、自主的微型计算机（嵌入式系统）实现了与其他微型计算机、传感器设备的互联互通。

c. 物理世界和虚拟世界（网络空间）以信息物理系统（Cyber Physical System，CPS）的形式实现了全方位的融合。

正是由于新科学技术的快速发展，以及人类面临的多重挑战，以智能制造为主导的“第四次工业革命”应运而生。从图1-1可看出，第四次工业革命与前三次工业革命有着本质的区别，其核心是物理信息系统的深度融合。第四次工业革命旨在通过充分利用信息通信技术和网络空间虚拟系统相结合的手段，即信息物理系统（CPS），实现传统制造业的智能化转型。智能制造（Intelligent Manufacturing，IM）是一种由智能机器和人类专家共同组成的人机一体化智能系统，它在制造过程中能进行智能活动，诸如分析、推理、判断、构思和决策等，通过人与智能机器的合作共事，去扩大、延伸和部分地取代人类专家在制造过程中的脑力劳动。它把制造自动化的概念更新、扩展到柔性化、智能化和高度集成化。

随着全球产业结构的调整，各发达国家及发展中国家正面临着前所未有的挑战和机遇。如何促进制造业的整体升级已成为一个挑战，也深刻影响着国家经济的发展。

目前，智能化工业设备已成为全球制造业升级换代的基础。因此，发达国家总是把制造业升级作为新一轮工业革命的首要任务。美国的“再工业化”（工业互联网）趋势、德国的“工业4.0”和“互联工厂”战略、中国的“中国制造2025”、日本的“产业重振计划”以及韩国的“制造业创新3.0”等国家的制造业转型计划，其目的不仅仅是传统制造业的回归，而且还伴随着生产效率的提高和生产方式的创新。而其中最为典型的新工业发展，即德国的“工业4.0”战略，更被视为新一轮工业革命的代表。

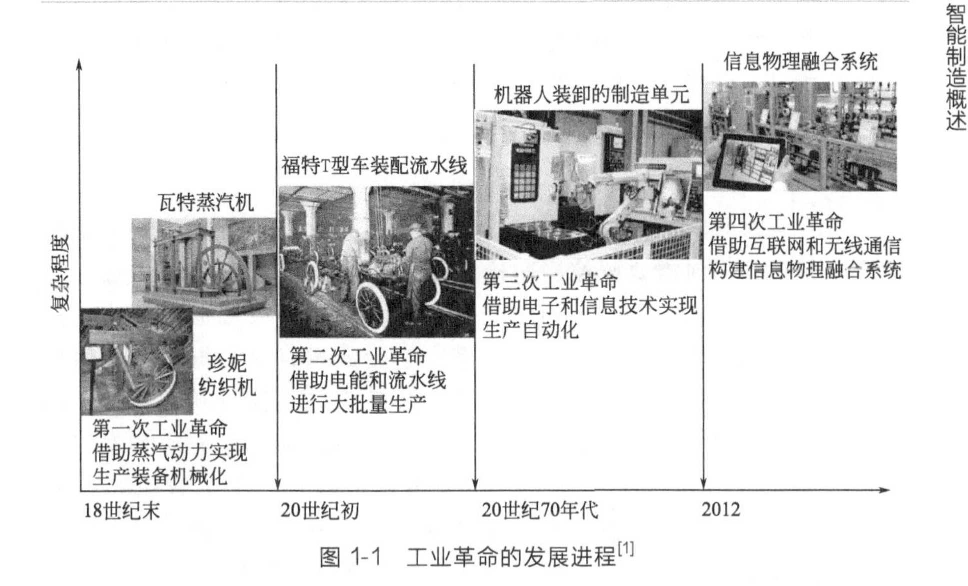

图 1-1 工业革命的发展进程[1]

1.2 智能制造的核心

1.2.1 从 ICT 视角看智能制造

自 21 世纪以来，随着移动互联网、物联网、大数据、云计算、人工智能等新一代信息通信技术（ICT）的快速发展及应用，社会进入了“万物互联”时代，智能制造被赋予了新的内涵，即新一代信息技术条件下的智能制造。

ICT 是信息技术与通信技术相融合而形成的一个新的概念和新的技术领域。近二三十年来，世界各国已成功地将 ICT 应用于生产制造中，利用 ICT 实现对工业生产全流程的监控与管理。接下来，我们主要针对新一代 ICT 所包含的移动互联网、物联网、大数据、云计算、人工智能等技术对智能制造所产生的作用作简要的分析（在后续章节将对各部分内容展开详细讨论），进而阐明智能制造与 ICT 之间的紧耦合关系。

（1）移动互联网

移动互联网（Mobile Internet）将移动通信和互联网结合起来，是互联网技术、平台、商业模式和应用与移动通信技术结合并实践的活动的总称。移动互联网是网络通信的补充，可以帮助打通信息孤岛和业务隔阂，实现信息之间的无缝衔接。基于移动互联的移动 APP，具有开放性接口、可兼容、易扩展的移动操作系统，是实现泛在智能制造体系中人与人、人与物互联的关键[2]。

（2）物联网

物联网（Internet of Things，IoT）是指通过各种信息传感设备，实时采集任何需要监控、连接、互动的物体或过程等的信息，与互联网结合形成的一个巨大网络[3]。目的是实现所有物品与网络的连接，方便识别、管理和控制。物联网产生大数据，大数据助力物联网，从物联网到大数据，再到智慧决策可以帮助实现智能制造体系从感知到认知的过程。物联网是产业互联网的核心技术，在推动实现信息物理系统（CPS）融合的同时，与云计算、大数据、人工智能等技术相互结合，成为未来信息社会的重要支柱。此外，车联网、窄带物联网以及产业互联网等新技术极大提升了物联网在智能制造体系中的应用价值。CPS 是一个以通信和计算为核心的工程化物理系统，是计算、通信和控制的融合（图 1-2），具有很高的可靠性、安全性和执行效率，所有参与制造的设备和产品都可以相互交换数据，而且能实现跨越价值链的横向集成。

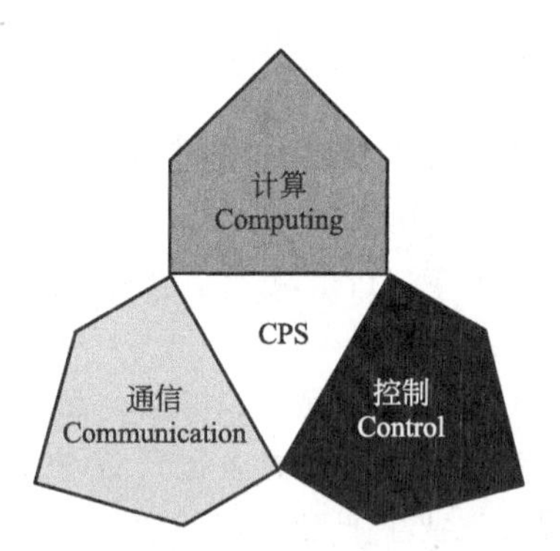

图 1-2 CPS 的核心组成

（3）云计算

云计算（Mobile Cloud Computing，MCC）作为计算领域的一种新模式，将计算功能、存储功能和网络管理功能统一集中在“云端”，如数据中心、IP骨干网络、蜂窝核心网络[4]。近几年来，计算领域的新趋势是将云计算的功能不断地迁移到边缘网络。移动边缘计算（Mobile Edge Computing，MEC）由欧洲电信标准协会在2014年提出，并被定义为一个无线接入网络中在移动用户近端为其提供计算能力的边缘节点，如基站或者接入点。雾计算（Fog Computing，FC）作为MEC概念的一般形式由Cisco公司提出，其中对边缘设备的定义也更加广泛了（从智能手机到机顶盒等）。据Cisco公司预测，到2020年，接入因特网的IoT设备（如传感器、可穿戴设备等）会增加大约50万亿，这些设备大部分都是资源受限的，它们必须依赖MCC或者MEC来获取足够维持自己运行的各种资源[5]。计算领域中云、雾、边缘计算模式相互协作，可以为智能制造系统提供无处不在的计算资源，是支撑智能制造体系实现“柔性生产”的必要条件。

（4）大数据

大数据（Big Data）是需要新处理模式才能具有更强的决策力、洞察发现力和流程优化能力的海量、高增长率和多样化的信息资产[6]。随着大数据的迅速发展与计算能力的不断提升，各类学科越发期望通过一定的手段对多种数据展开分析，挖掘这些数据中的有价值部分。当前，面对“万物互联”信息时代网络中数据量、数据维度的暴增，要想全面把握研究对象的特征，仅从单一维度对数据进行挖掘，其结论的准确性和全面性已显现不足。针对智能制造体系中的海量异构数据，需引入多维视角对数据进行深度挖掘。

（5）人工智能

人工智能（Artificial Intelligence）是研究、开发用于模拟、延伸和扩展人的智能的理论、方法、技术及应用系统的新技术，对社会的影响极为深远，在机器人、无人机、金融、农业、医疗、教育、能源、国防等诸多领域得到了较为广泛的应用[7]。在电气自动化领域中，人工智能技术可以应用于电气产品的设计，在增加产品设计精度的同时缩短设计时间，从而提高生产效率。在电气控制环节，目前常用的人工智能算法有神经网络控制与专家系统模糊控制。机器学习作为人工智能研究的一个核心领域，它可以让计算机通过训练不断提高自身性能，从而在未编程的前提下作出更合理的反应。现代机器学习是一个基于大量数据的统计学过程，试图通过数据分析导出规则或者流程，用于解释数据或者预测未来数据。因此，人工智能的发展深度对智能制造体系的“聪明”程度起着决定性作用。

1.2.2 ICT与智能制造的关系

智能制造体系需要建立在数字化和信息化之上，各行各业的数据只有充分共享和交换，才能实现数据价值的深度挖掘。信息孤岛盛行、数据共享不足、感知和连接不足等是智能制造当前所面临的主要问题。云计算、物联网、大数据、移动互联网等新ICT能有效地解决智能制造体系中所面临的各类问题。图1-3表示了智能制造体系中各个环节与ICT之间的关系。

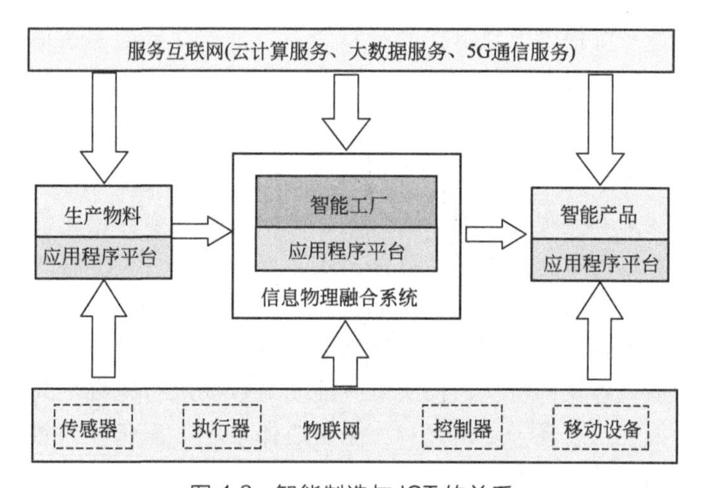

图1-3 智能制造与ICT的关系

具体地，以基于城市消费的智能制造体系为例，进一步直观地阐述ICT与智能制造的关系（图1-4）。在示例中，物联网、移动互联网及其他服务类网络，通过有线、无线等通信组网手段，将人与人、人与物、物与物之间互相连接，实现工业环境信息、购物信息、个人定制信息的互联互通。要实现信息的互联互通以及进一步流转融合，上述各类异构网络之间必须可以进行跨行业、跨平台、跨应用的无缝融合。异构网络融合除了实现数据信息的互联互通，在分布式环境中还需要通过协议算法执行可信管理和协同控制通信资源、计算资源和存储资源，以达到高效资源利用与异构网络融合的目的，实现通信、计算、存储的三重融合，从而为智能制造体系中各个环节提供所需的计算能力与存储能力。

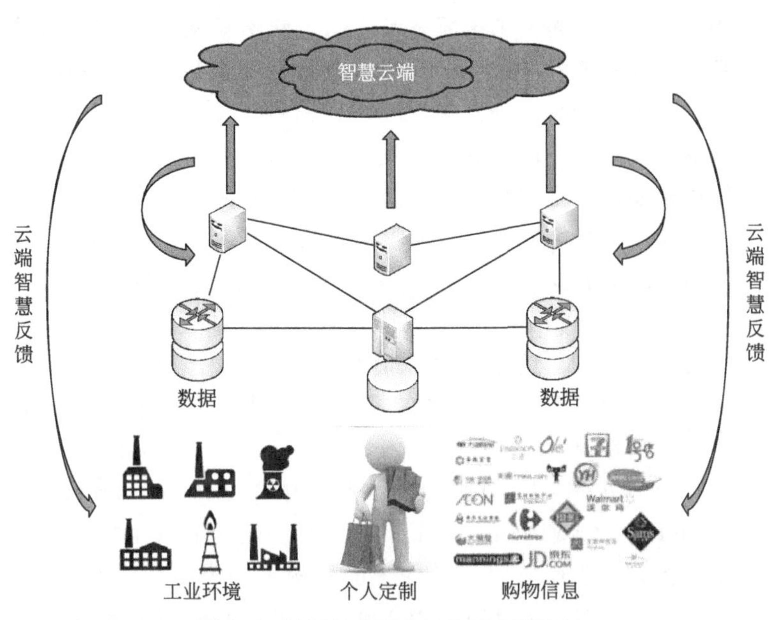

图 1-4 基于城市消费的智能制造体系

智慧云端通过人工智能、数据挖掘、信息处理等技术，对在网络环境中所感知到的海量异构数据进行准确提取与综合分析，获取普适性知识并对知识加以智能应用。智慧云端从离散的异构数据中抽取携带语义信息的可用知识，建立数据空间到知识空间的复杂映射关系，通过联想、聚合、推理等信息处理方法，实现知识驱动、知识支配型智能制造体系。智慧云端的搭建必须以多学科理论为研究基础，涉及分布式决策与协作、知识表示与编码、符号逻辑与语义推理、模式识别等众多理论与实践问题；同时，还包含多学科交叉引发的新型科学问题，包括泛在知识融合与演进、业务及网络反馈控制交互认知等问题。

1.3 智能制造的内涵与特征

1.3.1 智能制造的定义

智能制造的发展大致可分为三个阶段：起始于 20 世纪 80 年代人工智能在制造业领域的应用，发展于 20 世纪 90 年代智能制造技术和智能制造系统的提出，成熟于 21 世纪以来新一代信息与网络技术的发展与应用。智能制造将人工智能技术、信息网络技术和生产制造技术应用于产品管理和服务的全过程，并能在产品的制造过程中进行分析、推理和感知，以满足产品的动态需求。它也改变了制造业的生产方法、人机关系和商业模式。因此，智能制造不是简单的技术突破，也不是传统产业的简单转换，而是信息技术与制造业的深度融合。

什么是智能制造？目前学术界的主流观点是：智能制造（Intelligent Manufacturing，IM）是由智能机器和人类专家组成的人机集成智能系统。它可以在制造过程中执行智能活动（如分析、推理、判断、概念和决策），通过人与智能机器的合作，将扩大、扩展和部分取代制造过程中人类专家的脑力工作。当前，尽管国内外对于智能制造有着不同的定义，但是其核心内容大体一致。

2011 年 6 月，美国智能制造领导力联盟（Smart Manufacturing Leadership Coalition，SMLC）发表了《实施 21 世纪智能制造》报告，指出智能制造是应用先进的智能系统来加强应用、新产品的快速制造、对产品需求的动态响应以及工业生产和供应链网络的实时制造。其核心技术有网络传感器、数据互操作性、多尺度动态建模与仿真、智能自动化和可扩展的多层网络安全。将工厂的所有生产集成到供应链，并在整个产品生命周期内实现对固定资产、过程和资源的虚拟跟踪。其结果将提供一个灵活、创新的制造环境，并将业务和制造过程有效地连接在一起。

智能制造的概念最先是由德国提出来的，并引起了全世界的关注。2013 年 4 月，德国在《保障德国制造业的未来——关于实施工业 4.0 战略的建议》报告中提出了“工业 4.0”战略，并指出“工业 4.0”是以“智能制造”为代表的先进生产制造体系。明确了智能制造是基于物联网、大数据、云计算等信息技术，通过多维度信息、数据的采集与分析，构建全流程整体模型，并自主地辨识与修正，实时验证、监控生产系统，使其实现智能、优化地自主运行的智能化信息物理融合系统[8]。

2015 年我国工业和信息化部公布的“2015 年智能制造试点示范专项行动”中，智能制造被定义为新一代的信息技术，它贯穿于设计、生产、管理和服务等生产活动的各个方面。它拥有先进的制造工艺、系统和模型，包括信息自我意识、智能优化、自我决定和精确控制。一般来说，以智能工厂为载体，以关键制造环节智能化为核心，以端到端数据流为基础，以网络互联为支撑，可以有效缩短产品开发周期、降低运营成本、提高生产效率、改进生产工艺、提高产品质量、降低能源消耗。

通过总结上述不同的认知，智能制造的定义可以概括为：基于新一代信息技术，产品整个生命周期以制造系统为载体，在关键环节或过程中，具有一定自主性的感知、学习、分析、决策、沟通和协调控制能力，并能动态适应制造环境的变化，从而达到优化目标。总的来讲，智能制造是可持续发展的制造模式，它旨在利用计算机建模和仿真以及信息和通信技术的巨大潜力，优化产品的设计和制造过程，尽量减少材料和能源的消耗以及各种废物的产生。其目的是根据用户需求，利用ICT技术、人工智能技术实现生产资料的重新配置。一个典型的智能制造生态系统如图1-5所示。

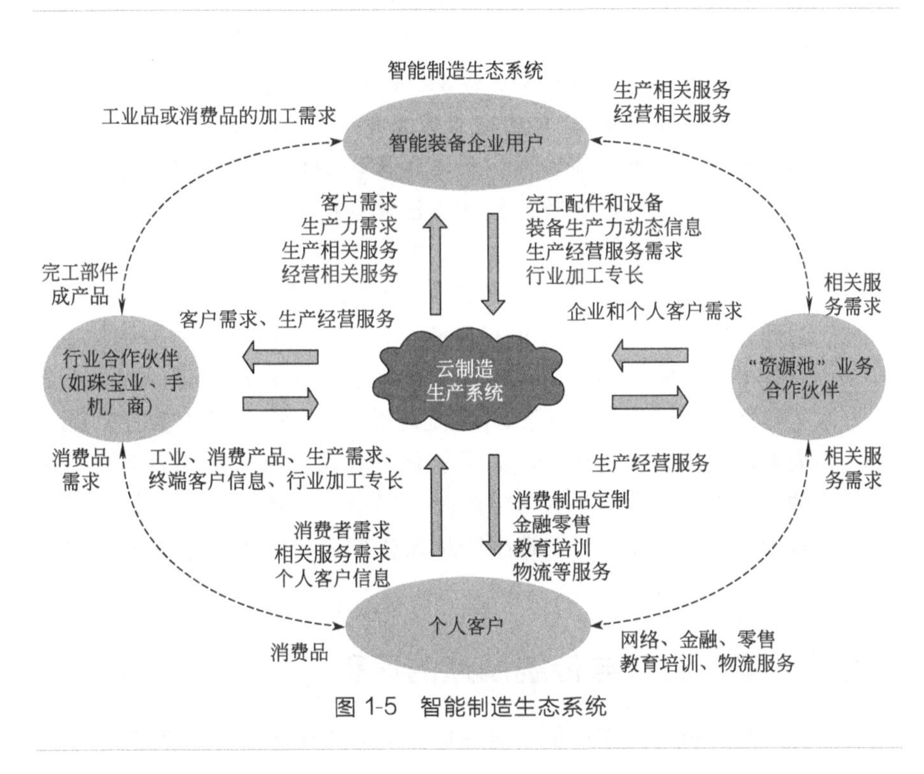

图1-5 智能制造生态系统

通过上述定义与内涵分析，智能制造的主要特征包括以下几方面。

① 生产过程高度智能　智能制造可以自我感知生产过程中的周围环境，实时收集和监控生产信息。智能制造系统中的各个组成部分都能够根据具体的用户需求，可以自我组成柔性化的最佳结构，并根据具体工作需要以最佳方式进行自组织，以配置的专家知识库为基础，在生产实践过程中不断更新与完善知识库。当系统发生故障时，具有自我诊断和修复能力。总之，智能制造能够对库存水平、需求变化和运行状态作出

反应，实现生产全过程的智能分析、推理和决策。

② 资源的智能优化配置　开放性、资源共享性、信息交互性是通信网络的基本属性。信息技术与制造技术相结合所产生的智能化、网络化生产制造，可以实现跨地区、跨区域的资源重配置，突破了原有的时间、空间上的生产边界。制造业、产业链上的研发企业、制造企业和物流企业可通过网络连接实现信息共享，可以在全球范围内开展动态资源整合，生产材料和零部件可随时随地送到需要的地方。

③ 控制系统化　基于数字技术的智能制造，通过结合知识处理、智能优化和智能数控加工方法，确保整个制造系统的高效稳定运行，保证生产制造的效率。与传统制造系统相比，智能制造系统处理对象是系统的知识而不是数据，系统处理方法是智能、灵活化的，建模的方式是智能数学的方法［而不是经典数学（微积分）的数学方法］。近年来，以智能数学为基础的研发方法有专家系统、博弈论、模式识别、多值逻辑、定性推理、数据挖掘、网格计算等多种智能方法。这些方法重新组合形成了新的计算方法，智能数学方法体系的建立仍是未来智能制造研发的重点。

④ 产品高度智能化、个性化　智能制造产品通过内置传感器、控制器和存储器等技术具有自我监测、记录、反馈和远程控制功能。在运行过程中，智能产品可以监控自身状态和外部环境，记录生成的数据，对运行过程中产生的问题自动反馈给用户，确保用户对整个产品的全生命周期进行控制和管理。产品智能化设计系统是根据消费者的需求而设计的，使得消费者在线参与生产制造的全过程成为现实，极大地满足了消费者的个性化需求。制造生产从先生产后销售转变为定制后销售，可主动避免产能过剩。

1.3.2 智能制造与传统制造的区别

智能制造系统和传统制造系统相比具有以下几个特点。

（1）高效自治

自治能力是智能制造系统的一个重要象征性特征，包括自学习、自组织、自我维护和其他能力。智能制造系统有能力收集和理解环境信息和自己的信息、分析判断和规划自己的行为；智能制造系统中的各个组件具备根据工作任务的需要和按照最佳方式运行的自组织能力，可进一步组装成超灵活的优化结构。系统的知识库在原有专家知识的基础上不断研究和完善，具有对系统故障进行自诊断、排除和修复的自我维护能力。例如，在德国“工业4.0”实施方案中，CPS帮助智能工厂自我管理，实现生产的定制和个性化。CPS不仅可以实现生产的自我管理，还可以实现维护的自我管理。

（2）自律能力

智能制造具有收集和理解环境信息与自身信息的能力，并对自己的行为进行分析、判断和规划。一个强大的知识基础和知识模型是自律的基础。典型的智能制造系统可以根据周围环境和自身的运行状况监控和处理信息，并根据过程的结果调整控制策略以采用最佳的运行计划。这种自律使整个制造系统具有抗干扰适应性和容错性。

（3）自学习和自维护能力

智能制造系统基于原有的专家知识，可以在实践中不断学习，改进系统的知识库，删除不适用于知识库的知识，使知识库更加合理；同时，可以对系统故障进行自诊断、排除和修复。这一特性使智能制造系统能够自我优化并适应各种复杂的环境。

（4）人机一体

智能制造系统不仅是一个人工智能系统，而且是一个人机一体化系统，是一种混合智能。人机一体化突出了人在制造系统中的核心地位，在智能机器的协调下更好地发挥了人的潜力，使人与机器展现出一种平等的工作状态，相互理解和相互合作，让两者展现自身特有的能力，并在不同层次上相互配合。虚拟制造技术已经成为实现高层次人机集成的关键技术之一。新一代具有人机界面的智能界面通过虚拟手段实现了对现实的智能表达，这是智能制造的显著特征。

（5）网络集成

智能制造系统强调所有子系统的智能化，同时更加关注整个制造系统的网络化集成。这是智能制造系统与传统“智能岛”在制造过程中的特定应用之间的根本区别。智能制造的第一个特点体现在智能生产系统的纵向一体化和网络化。网络化生产系统利用CPS实现订单需求、库存水平变化和突发故障的快速响应。生产资源和产品通过网络连接，原材料和零部件可随时寄到需要它们的地方。生产过程中的每个环节都会被记录下来，并且系统会自动记录每个错误。智能制造的另一个显著特点是价值链的横向一体化。与生产系统网络类似，全球或本地价值链网络通过CPS连接，包括物流、仓储、生产、营销和销售，甚至下游服务。任何产品的历史数据和追踪都有详细记录，就好像该产品具有记忆功能一样。这创建了透明的价值链——从采购到生产再到销售，或从供应商到企业到客户。定制不仅可以在生产阶段实现，还可以在开发、订单、计划、组装和分销中实现。

（6）虚拟现实

这是虚拟制造的支撑技术，也是实现高层次人机一体化的关键技术之一。新一代智能人机界面与人机交互相结合，使虚拟手段能够真实地表达现实，这是智能制造的一个显著特征。综上所述，可以看出，智能制造系统是一种集成自动化、柔性化、集成化、智能化的先进制造系统。

1.3.3 智能制造面临的挑战

随着智能制造系统的逐渐发展和应用，其所面临的挑战也应运而生，主要体现在以下几方面。

（1）异构异质系统的融合

智能制造系统利用信息物理系统（CPS）实现价值链水平集成化和网络化。当前存在的问题是传统工业自动化系统中不同技术的发展相对分散，虽然某些既定标准已被用于各种技术学科、专业协会和工作组，但是这些标准之间缺乏协调。目前，不同工业互联网络之间存在着严重的异构问题，导致资源难以得到有效利用。异构性是指不同类型网络之间的（如互联网、传感器网络、RFID、工业以太网等）高质量互联互通问题。异质性是指不同公司生产的硬件设备与不同功能之间互不兼容的问题。这需要从传感器、数据卡开始，从数据采集点到整个网络、云平台、数据中心、全连接，统一架构以及标准化接口。这需要一套新的国际技术标准来实现大规模嵌入式设备之间的互连并连接到虚拟世界。

解决异构异质系统融合的关键在于标准化的形成。这需要从不同层面积极推动智能制造的各国政府、不同领域的产业技术创新组织、跨国公司和广泛的中小企业共同参与，将已有的标准（如在自动化领域的工业通信、工程、建模、IT 安全、设备集成和数字化工厂等的标准）纳入全新的全球参考体系中。这项工作具有高度的复杂性，是智能制造发展面临的一大挑战。

（2）复杂大系统管理

在现代管理中，为了降低管理的成本或开销，我们通常可以建立模型来模拟解决实际存在的或者假想的管理问题。比如产品、制造资源或整个制造系统，又如不同企业和组织之间的业务流程等管理方面的问题。

在智能制造时代，基于模型模拟使用标准的方式来配置和优化生产资源和制造工艺对于企业是一个重大挑战。主要原因在于智能制造系统变得越来越复杂，由于功能增加、产品用户特定需求多样化、交付要求频繁变化、不同技术学科和组织的交叉融合，以及不同公司之间合作形式变化迅速，很难开发一套稳定且具有极强适应性的管理模型。另外，开发新的管理系统模型的成本也较高。智能制造系统在建立初期阶段就需要建立明确的管理模型，这一阶段需要较高的资金支出。在高产量行业（如汽车行业）或有严格安全标准的行业（如航空电子行业），公司更有可能接受较高的初期投入。

(3) 高质量高容量网络基础设施

由于智能制造系统对于数据传输的时延、数据交互的可靠性、服务质量的多样化都有着极高的要求，因此大容量、可扩展、低时延的高质量数据交换网络技术与基础设施是实现智能制造的基础。随着制造业信息化程度越来越高，工业生产相关的数据正呈现出爆发式的增长态势。各种设备和仪器产生的海量数据也增加了对信息处理的要求。高运行可靠性、数据链路可用性以及时延保证和稳定连接是智能制造的关键，因为它们直接影响应用程序的性能。

高质量高容量网络技术开发和基础设施建设是智能制造面临的又一个挑战。这种挑战主要表现在几个方面：一是工业领域宽带的基础架构过去并不是面向大数据的，大量机器与机器、设备与设备等数据的收集、传输、交互等，对工业领域宽带基础架构提出了更大的挑战。二是要实现基于数据驱动的端到端全生命周期，需要更大范围、更大维度的信息交流，对于异构异质网络的信息交流是一大挑战。三是网络的复杂性和成本控制的挑战。智能制造网络不仅需要高速、带宽、简单、可扩展、安全，还需要低成本，不明显增加现有制造产品和服务的开销。网络需要绑定可靠的 SLA（服务水平协议）；支持数据链路调试/跟踪，尤其是提供相关的技术援助；提供广泛可用/有保证的通信容量（固定/可靠的带宽）；广泛使用的嵌入式 SIM 卡；所有移动网络运营商之间的短信传递状态通知；标准化的应用程序编程接口（APIs）的配置，涵盖所有供应商（SIM 卡激活/停用）；移动服务合约的成本控制；负担得起的数据全球漫游通信费用等。

(4) 数据传递通道与实时交互

多节点交互、监控和控制，以及跨行业、跨域、跨产品和其他多场景需求，需要建立新的、系统的、统一的协议标准。除了整体架构和基本物联网外，至少同行业（领域）开始细化并建立统一的标准。此外，当前的网络资源显然不能支持智能制造的实际要求，无论是来自带宽（实时数据容量）、时延还是网络速度等要求。将智能制造和未来5G网络结合，是解决这一问题的前景方向。

（5）数据模型的多场景创建与打通

未来，智能制造系统中涉及的数据采集、存储、分配，模型设计，规则创建与利用等各环节，都与连接、控制和自动化密切相关。这意味着生产制造过程中将产生大量的数据，而如何利用好数据进行多场景的建模与仿真是实现智能制造的基础。因此，不同场景、不同模式下的数据模型建立与打通是智能制造面临的一大挑战。

（6）系统安全

智能制造系统涉及高度网络化的系统结构，涉及大量人员、IT系统、自动化组件和机器信息等元素。这意味着更多的人参与了整个价值链。开放性的网络环境和潜在的第三方访问意味着智能制造系统将面临一系列新的安全问题。因此在智能制造中，必须考虑到信息安全措施（加密程序或认证程序）对生产安全性的影响（时间关键功能、资源可用性）。

智能制造安全性的挑战主要表现在两个方面。首先，现有的工厂需要升级网络安保技术和措施，以满足新安全需求的挑战。但是，传统的机械装备寿命较长，原有的很多设备并不具备可靠的网络连接功能，升级改造非常困难。同时，企业内部生产系统与某些外部的陈旧基础设施很难联网，安全性的保障也很困难。其次，要为新的工厂和机器制定解决方案的挑战。企业界目前缺乏完全标准化的操作平台，以实施足够的安保解决方案。满足信息物理系统（CPS）安全的技术和标准化平台开发本身也充满挑战。

1.3.4 智能制造的未来发展趋势

智能制造是在20世纪80年代后期发展起来的。1988年，美国纽约大学的怀特教授与卡内基梅隆大学的布恩教授正式出版了智能制造研究领域的首本专著《智能制造》，就智能制造的定义、内涵与前景进行了系统性描述。随后，英国技术大学威廉姆斯教授就智能制造的定义进行了完善与补充。当前，已公开的专著所描述的智能制造局限于解决设计和制造生产过程中所面临问题的方案。特别是在现今的众多工业化国家，人工智能已被用作解决现代工业所面临问题的工具和解决方法。因此，这些专著仅侧重于人工智能在制造业中的应用，以及智能系统的研究和应用中提出的问题的解决方案。未来智能化将体现到整个生产制造全生命周期的各个环节，如产品设计、系统设计、自动化制造系统规划与调度（管理）等。

与现有制造系统相比，智能制造系统在体系结构上存在着根本性差异，具体体现在两个方面：一是采用开放式系统设计策略。其基本思想是通过计算机网络技术，实现制造数据和制造知识的共享，保证制造系统生产全过程中的可视化、生产资源的可重配。这是将计算机与信息技术领域的先进设计和开发思想融入制造系统中的结果，从而使制造系统朝着拟人化的方向发展。二是采用分布式多智能体智能系统设计策略。其基本思想是使制造系统中的某些组件或子系统具有一定的自治性，从而形成具有完全功能的封闭的自代理。这些自组织形式的网络智能节点连接到通信网络上，每个智能节点在物理上是分散的、在逻辑上是等价的，通过各节点的协同处理和协作，完成了制造系统的任务，实现了制造业中人的知识的核心地位。

随着 ICT 与人工智能技术的快速发展，相关国家都在积极研究智能化对于工业生产制造的影响，抢占智能制造领域的制高点。当前，智能制造正处于初级发展阶段，各相关技术、标准、应用等还未成熟。

参考文献

[1] 张曙. 工业 4.0 和智能制造. 机械设计与制造工程，2014，43 (8)：1-5.

[2] 张宏科，苏伟. 移动互联网技术. 北京：人民邮电出版社，2010：164.

[3] 刘云浩. 物联网导论. 北京：科学出版社，2011：378.

[4] 刘鹏. 云计算. 北京：电子工业出版社，2010：270.

[5] Mao Y，You C，Zhang J，et al. A survey on mobile edge computing：The communication perspective. IEEE Communications Surveys & Tutorials，2017，19 (4)：2322-2358.

[6] 涂子沛. 大数据. 桂林：广西师范大学出版社，2012：334.

[7] 尼尔森. 人工智能. 郑扣根，等译. 北京：机械工业出版社，2003：317.

[8] 麦绿波，徐晓飞，梁昫，等. 智能制造标准体系构建研究. 中国标准化，2016，(10)：101-108.

第2章

智能制造中的通信网络

2.1 第五代移动通信系统

2.1.1 概述

与前几代移动通信技术相比，第五代移动通信技术（5G）的业务能力变得更加丰富，并且由于场景多样化的需求，5G 不再像以往一样单纯地强调某种单一技术基础，而是综合考虑 8 个技术指标：峰值速率、用户体验速率、频谱效率、移动性、时延、连接数密度、网络能量效率和流量密度。

与现有 4G 相比，随着用户需求的增加，5G 网络应重点关注 4G 中尚未实现的挑战，例如容量更高、数据速率更快、端到端时延更低、开销更小、大规模设备连接和始终如一的用户体验质量等。图 2-1 中展示了不同应用场景下不同的技术指标要求[1]。其中，在未来 5G 网络中，预计空口时延将小于 1ms，端到端时延小于 10ms，低时延高可靠的网络场景在智能家居、智慧医疗、智能车联、智慧城市、安全运营、自动化生产等方面具有广泛的应用前景。

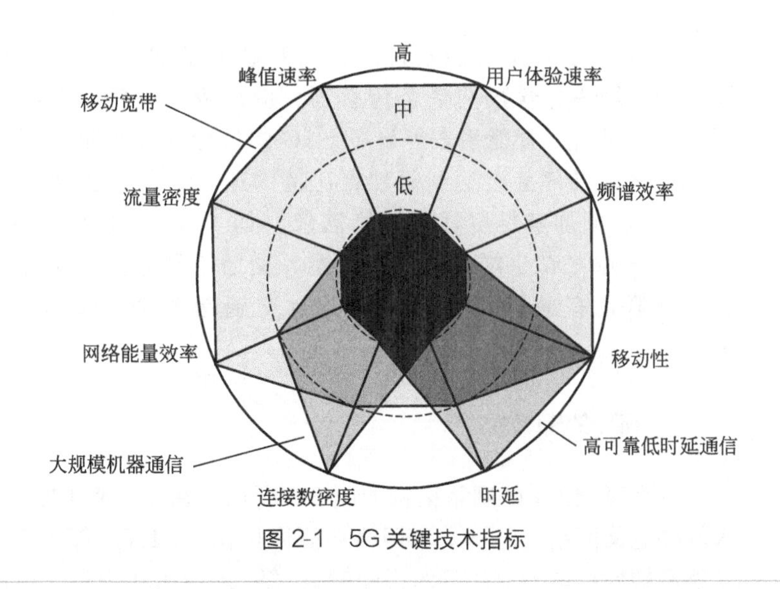

图 2-1 5G 关键技术指标

早在全球部署第四代移动通信系统时候，5G 的研发就已经成为业界关注的焦点。制定全球统一的5G标准是当前的主要任务。如图2-2所示[2]，国际电信联盟（ITU）于2016年开展了5G技术性能需求和评估方法的研究，并且于2017年底启动5G候选方案征集，计划于2020年底完成标准制定。其中，3GPP主要负责5G国际标准技术内容的制定工作。3GPP Rel-14阶段是启动5G标准的最佳时期，Rel-15阶段对5G标准工作项目进行启动，Rel-16及以后将进一步完善和增强5G标准。而我国已经开始进行了5G技术的研究，并在IMT-2020（5G）推进组的组织下，已经完成了第一阶段无线测试规范的制定工作。

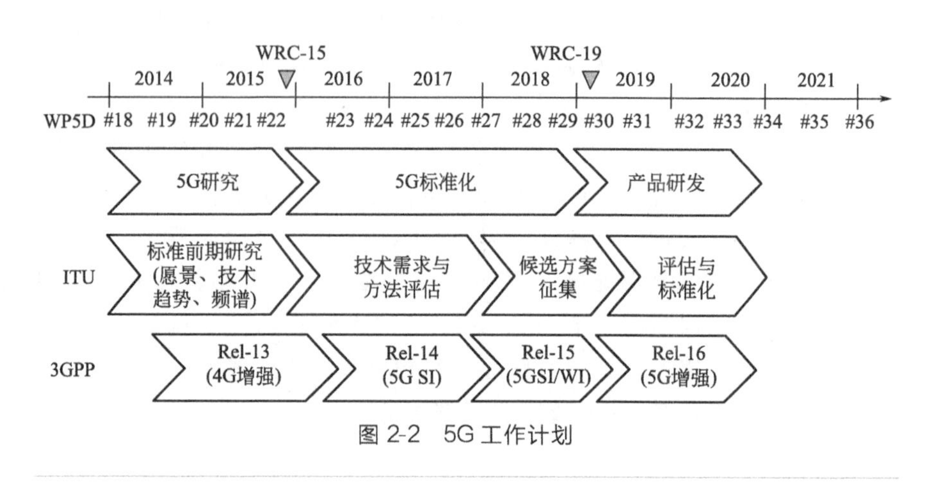

图2-2 5G工作计划

目前，5G网络已经被视为万物互联的基础（即物联网），因为所谓的物联网将包含数十亿个传感器、应用程序、安全系统、健康监视器、智能手机、智能手表等设备。5G的目标是在大范围覆盖时达到每秒100兆、局部甚至达到每秒吉比特的速率。与以往移动通信技术相比，5G会更加满足多样化场景需求，如5G将渗透到物联网等领域，与工业设施、农业器械、医疗仪器、交通工具等深度融合，全面实现万物互联，有效满足工业、医疗、交通等垂直行业的信息化服务需要。

2.1.2 5G网络架构

一个可能的5G网络架构如图2-3所示。在5G网络架构中，通过引入软件定义网络（SDN）和网络功能虚拟化（NFV）等技术，达到控制功能和转发功能分离的目的；同时通过网元功能和物理实体的解耦，来实现实时感知和调配多类网络资源，以及按需提供和适配网络连接和网络功能。此外，为了增加接入网和核心网的功能，接入网通过提供多种空口技术形成复杂的网络拓扑，支持多连接、自组织等方式；而核心网则进一步下沉转发平面、业务存储和计算能力，从而实现对差异化业务的更高效的按需处理。

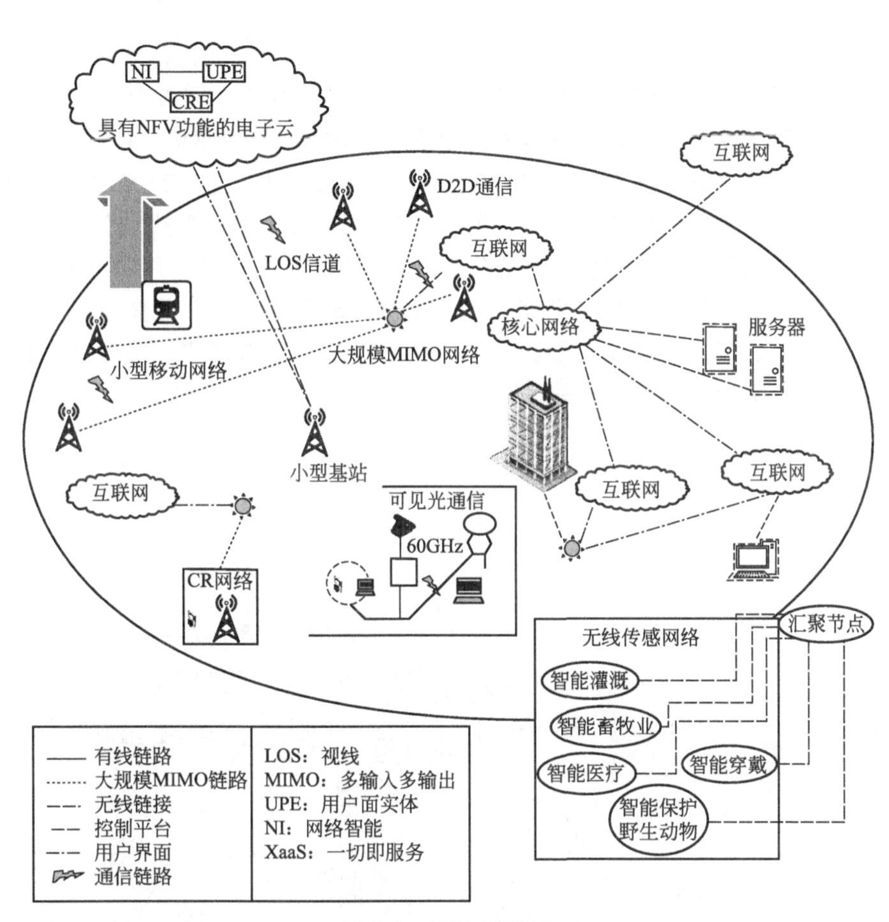

图 2-3　5G 网络架构

在 5G 网络架构中的技术支撑下，可以将网络架构大致分为控制、接入和转发平面。控制平面的主要目的是通过重构网络功能，来实现集中控制功能和全局调度无线资源功能；接入平面内包含多类基站和无线接入设备，主要用于实现无线接入的协同控制和提高资源利用率；转发平面包含分布式网关并集成内容缓存和业务流加速等功能，通过统一管理控制平面，从而有效地提升数据转发效率和路由灵活性。5G 网络灵活的、可扩展的网络架构，能够根据需求进行组网，并能够涵盖不同行业用户以及开展多种业务类型，在智慧医疗、智能生产、工业设备检测等方面都能发挥突出的作用。

2.1.3 5G 主要应用场景

在未来，5G 将解决各种应用场景中差异性能指标的挑战。不同应用场景面临的性能挑战是不同的。用户体验率、流量密度、时间延迟、能源效率和连接数量都是不同情景下具有挑战性的目标。

国际电联在国际电信联盟举行的第二十二届 ITU-RWP5D 会议上，对未来 5G 确定了三种主要应用场景：增强型移动宽带通信、高可靠低时延通信、大规模机器类通信，如图 2-4 所示。主要应用包括 Gbps 移动宽带数据接入、智慧家庭、智能建筑、语音通话、智慧城市、三维立体视频、超高清晰度视频、云工作、云娱乐、增强现实、工业自动化、紧急任务应用、自动驾驶汽车等。

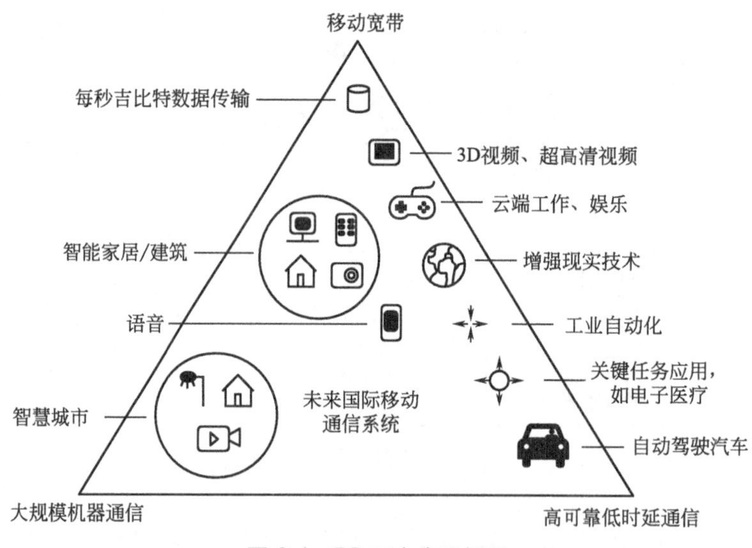

图 2-4 5G 三大应用场景

后来，IMT-2020（5G）从移动互联网和物联网的主要应用场景出发，以及从业务需求和挑战入手，将 5G 应用归纳为四个主要技术场景：连续广域覆盖、热点高容量、低功耗大连接和低时延高可靠场景（与 ITU 的三大应用场景基本一致）。

（1）5G 主要技术场景

① 连续广域覆盖场景　它是移动通信最基本的覆盖模式，旨在确保用户移动性和业务连续性，并为用户提供无缝的高速业务体验。这种情况的主要挑战是随时随地为用户提供超过 100Mbps 的用户体验速率，包括小区边缘、高速移动和其他恶劣环境。

② 热点高容量场景　它主要聚焦于本地热点，为用户提供极高的数据速率并满足网络的高流量密度要求。1Gbps 用户体验率、10Gbps 峰值速率和 10Tbps/km^2 流量密度需求是在这种情况下面临的主要挑战。

③ 低功耗大连接场景　主要以智能城市、环境监测、智能农业、森林防火等传感与数据采集为应用场景的目标，具有小包、低功耗、大容量连接等特点。这种终端范围广，数量众多，不仅要求网络具备数千亿连接的支持能力，满足 100 万/km^2 连接的数量密度要求，而且还要保证终端的超低功耗和超低成本。

④ 低时延高可靠场景　主要面向车联网、工业控制等垂直行业的特殊应用需求。这种应用对时间延迟和可靠性有极高的要求，需要提供毫秒级的端到端延迟，并为用户提供接近 100%的服务可靠性保证。

连续广域覆盖和热量高容量场景主要满足 2020 年和未来移动互联网业务的需求，这也是传统 4G 的主要技术场景。低功耗大连接和低时延高可靠场景主要面向物联网服务，这是 5G 的新发展景象，旨在解决传统移动通信不能支持物联网和垂直行业的应用问题。

（2）5G 技术场景与关键技术的关系

4 个典型的 5G 技术场景，如连续广域覆盖、热点容量、低功耗与大连接、低时延与高可靠性等，都有不同的挑战要求。考虑到不同技术共存的可能性，有必要选择关键技术的组合来满足这些要求。

① 连续广域覆盖场景　由于有限的站点和频谱资源，为了满足 100Mbps 的用户体验速率要求，除了需要尽可能多的低频段外，还要大幅度提高系统的频谱效率。其中，大规模天线技术是最重要的关键技术之一。另外，新的多址技术也可以与大规模天线技术结合，进一步提高系统的频谱效率和多用户接入能力。

② 热点高容量场景　集成了各种无线接入能力和集中式网络资源协作和 QoS 控制技术，为用户提供稳定的上网保证。在热点高容量的场景中，高用户体验率和高流量密度是这一场景的主要挑战。超密集网络可以更有效地重用频率资源，大大提高单位面积内的频率重用效率；全频

谱接入可以充分利用低频和高频的频率资源达到更高的水平。另外，大规模天线和新多址技术与超密集网络、全频谱接入技术的结合可以进一步提高系统的频谱利用效率。

③ 低功耗大连接场景　大规模设备连接、超低终端功耗和低成本是这一场景下所面临的主要挑战。新多址接入技术可以通过多用户信息的叠加传输来提高系统的设备连接性，并且可以通过自由调度传输有效降低信令开销和终端功耗。F-OFDM 和 FBMC 等新型多载波技术可灵活使用碎片化频谱，支持窄带和小数据包组，在降低功耗和成本方面具有显著优势。另外，终端直接通信（D2D）可以实现终端节点之间的直接互联互通，有效避免了基站的长距离传输，从而可以有效降低功耗。

④ 低时延高可靠场景　应尽可能减少传输时延、网络转发时间和重传概率，以满足极高的时延和可靠性要求。为此，需要采用更短的帧结构和更优化的信令交互过程，通过引入支持免调度的新型多址和 D2D 技术，以减少信令交互和数据传输，并使用更先进的调制编码和重传机制来提高传输可靠性。另外，在网络架构中，控制云可以通过优化数据传输路径，控制业务数据靠近转发云和接入云边缘，有效降低网络传输时延。

2.1.4 5G 关键技术

（1）大规模多天线

大规模多天线的概念，是贝尔实验室的 Thomas 于 2010 年年底提出的[3]。大规模多天线，也称大范围多入多出技术和大范围天线系统，是一种多入多出（Multiple Input and Multiple Output，MIMO）的通信系统，在基站侧的天线数量远多于终端的天线数量，并且为了实现终端信号的高速传输，建立了极大数量的信道；另外可通过大规模天线简化 MAC 层的设计，来进一步降低数据传输的时延。

在 5G 无线通信系统中，大规模多天线技术应用场景如图 2-5 所示。在 5G 的大规模多天线技术场景下，宏蜂窝与微蜂窝两种小区共存，网络可以为同构网络，也可以为异构网络，场景分为室内和室外两种。根据已有研究表明，70%的陆地移动通信系统中的数据传输业务来源于室内。因此，大规模多天线系统的传输链路可以分为宏小区基站对室内、室外用户，微小区基站对室内、室外用户。同时微小区也可以作为中继基站进行传输，传输链路也包括从宏小区基站到微小区基站。

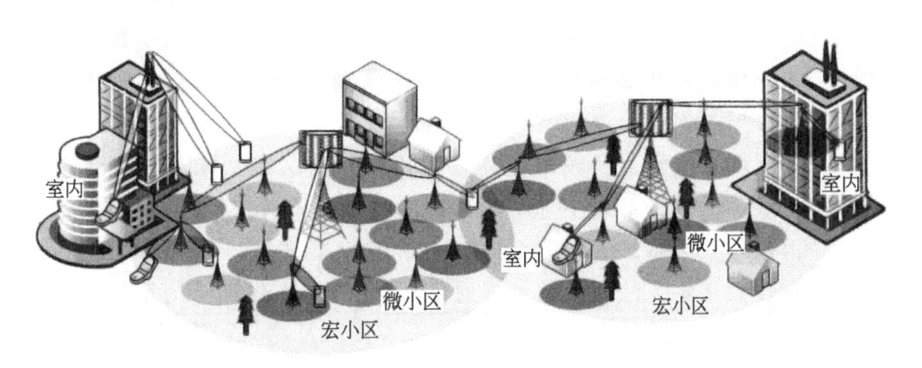

图 2-5 大规模多天线技术应用场景

很多运营商使用 MIMO 技术来实现 WiFi 和 LTE 容量的最大化，而 Massive MIMO 正是基于这种技术的又一种创新，不仅有助于提供大连接，还允许运营商利用其现有的站点和频谱来满足指数级增长的业务数据需求，可以满足智能制造过程中产生的工业大数据共享对移动通信传输速率的需求。

(2) 毫米波通信

毫米波通常是指波长为 1～10mm（频率 30～300GHz）的电磁波，介于厘米波与光波之间。以毫米波作为传输信息的载体进行的通信，称为毫米波通信。毫米波通信分为毫米波波导通信和毫米波无线电通信两大类。毫米波无线电通信又可分为地面无线电通信和空间无线电通信。毫米波波导通信是以圆波导传送 30～120GHz 电磁波的通信。毫米波通信主要具有以下三个特征。

① 穿透能力强　由于毫米波的波长介于微波和光波之间，因此它同时具备了微波和光波的某些特点。毫米波在传输过程中受杂波影响比较小，因此对云、雾、烟和尘埃的穿透能力很强；另外对于等离子体和恶劣环境等有较强的穿透能力，通信比较稳定。

② 天线尺寸小、波束窄　毫米波通信设备的体积很小，可采用比微波小得多的天线，使用小尺寸的天线获得很高的方向性、空间分辨率，并且增益大。毫米波的波束窄、方向性强，从而能够很好地避免线路间的干扰。因此，能够使传输质量提高，且有较强的反侦察能力，安全保密性好。

③ 可用频带宽、信息容量大　毫米波的传输频带很宽，其频段是无线电短波、超短波和微波频段总和的十几倍。由于载频很高，瞬时射频

带宽可以做得很宽，因此通信容量很大。毫米波通信信息容量约比微波大 10 倍，因此可用于多路通信和电视图像传输；而且传输速率高，有利于实现低截获概率通信，如扩频通信和跳频通信。另外，高损耗频率也可以用于军用保密通信和卫星通信。

由于毫米波的频率很高，波长很短，这就意味着其天线尺寸可以做得很小，这是部署小基站的基础。可以预见的是，未来 5G 移动通信将不再依赖大型基站的布建架构，大量的小型基站将成为新的趋势，它可以覆盖大基站无法触及的末梢通信。5G 网络不仅能够为智能手机用户提供服务，而且能够在无人驾驶汽车、VR 以及物联网等领域发挥重要作用。

(3) 全双工技术

全双工（Full Duplex，FD）技术也被称为同时同频全双工（Co-frequency Co-time Full Duplex，CCFD）技术，是 5G 关键空中接口技术之一。通过全双工技术，通信终端设备可以在同一时间、同一频段发送和接收信号，与传统的 TDD 或 FDD 模式相比，在理论上能够提高一倍的频谱效率，此外还能有效地降低传输时延和信令开销[4]。由于收发天线的距离较近，并且有较大差异的收发信号功率，使得其自干扰会对信号的接收产生极大的影响。因此，全双工技术的核心问题是如何有效地抑制和消除自干扰的影响。

目前在全双工系统中，消除自干扰的主要方法是物理层干扰消除法，包括天线自干扰消除方法、模拟电路域自干扰消除方法以及数字域自干扰消除方法。天线自干扰消除方法主要依靠增加收发天线间损耗，包括分隔收发信号、隔离收发天线、天线交叉极化、天线调零法等；模拟电路域自干扰消除方法主要包括环形器隔离，通过模拟电路设计重建自干扰信号并从接收信号中直接减去重建的自干扰信号等；数字域自干扰消除方法主要依靠对自干扰进行参数估计和重建后，从接收信号中减去重建的自干扰来消除残留的自干扰。全双工终端自干扰消除方法的原理如图 2-6 所示。

(4) 无线接入技术

① 多址接入　多址技术可以看作是每一代移动通信技术的关键特点，通过在空/时/频/码域的叠加传输发送信号，显著地提升多种场景下系统频谱效率和接入能力[5]。5G 中主要的多址接入技术方案包括基于多维调制和稀疏码扩频的稀疏码分多址接入（SCMA）技术、基于复数多元码及增强叠加编码的多用户共享接入（MUSA）技术、基于非正交特征图样的图样分割多址接入（PDMA）技术以及基于功率叠加的非正交多址接入（NOMA）技术。

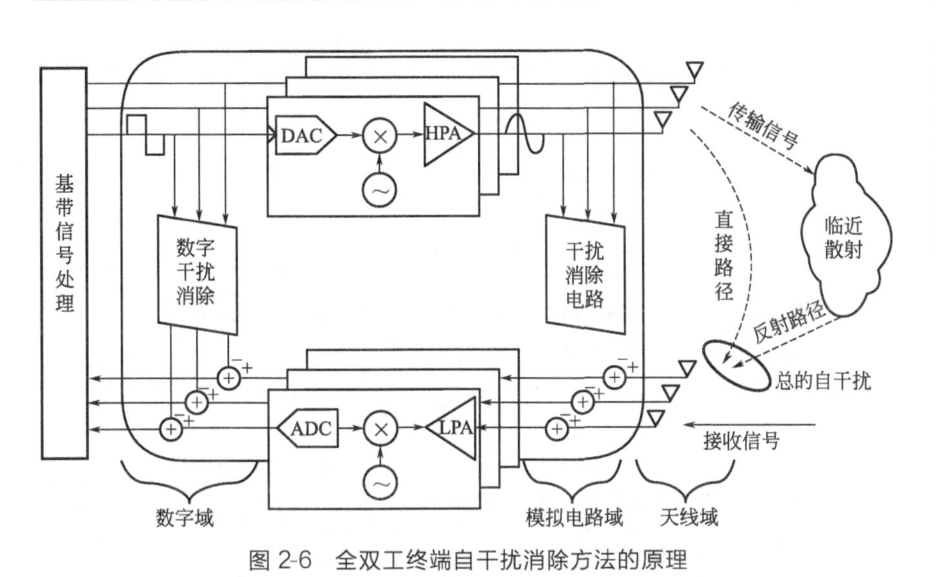

图 2-6 全双工终端自干扰消除方法的原理

非正交多址接入（NOMA）是一种新型的基于功率域复用多址方案，通过增加接收端的复杂度来换取更高的频谱效率[6]。未来网络中设备的计算能力将有大幅度提升，因此该方案具有较强的可行性。

稀疏编码多址接入（SCMA）技术是基于码域复用的新型多址方案，该方案融合了 QAM 调制和签名传输过程，将输入的比特流映射成一个从特定码本中选出的多维 SCMA 码字，然后通过稀疏的方式传播到物理资源元素上[2]。

图样分割多址接入技术或简称图分多址接入（PDMA）技术是一种新型的基于发送端和接收端联合设计的非正交多址接入技术[7]。在相同的时域资源内，发送端将多个用户信号进行功率域、空域、编码域的单独或联合编码传输，并且通过易于干扰抵消接收机算法的特征图样进行区分；接收端则通过对多用户进行低复杂度、高性能的串行干扰抵消 SIC 接收机算法，实现通信系统的联合检测和性能优化。

多用户共享接入（MUSA）技术是一种基于复数域多元码的上行非正交多址新型接入技术，适合多用户共享免调度的接入方案，从而促进低成本、低功耗 5G 海量连接（万物互联）的实现[8]。

上述 4 种多址技术的特点比较如表 2-1 所示。

随着智能终端普及应用及移动新业务需求持续增长，无线传输速率需求呈指数增长，5G 既要适应高速宽带又要适应物联网的海量连接。因此，5G系统中新型的多址技术可满足智能制造领域的大规模连接需求。

表 2-1 4种多址技术的特点比较

关键技术		优点	缺点
非正交多址接入(NOMA)	(1)SIC检测 (2)功率域复用	(1)无明显远近效应 (2)上行链路的频谱效率提升近20% (3)下行链路吞吐量提升超过30%	(1)接收机复杂度高 (2)功率域复用技术仍在研究中
稀疏码分多址接入(SCMA)	(1)低密度签名算法 (2)高维调制技术 (3)通过MPA进行近最优检测	(1)频谱效率提升3倍以上 (2)上行链路系统容量比OFDM系统提升2.8倍 (3)相较于OFDMA，下行链路小区的吞吐量提升5%，平均增益提升8%	(1)最优码的设计和实现比较难 (2)用户间干扰增加
图分多址接入(PDMA)	(1)合适复杂度的SIC的联合/整体设计 (2)低复杂度最大似然SIC检测	(1)下行链路频谱效率提升1.5倍 (2)下行链路系统容量提升2～3倍	(1)图样的设计和最优化的实现较难 (2)用户间干扰增加
多用户共享接入(MUSA)	(1)SIC检测 (2)复数域多元码 (3)叠加编码和叠加信号扩展技术	(1)较低的块出错率 (2)支持大规模的用户接入量	(1)传输信号的设计比较难 (2)用户间干扰增加

② 动态TDD　在未来的5G网络中，超密集小小区部署（小区半径小于几米）和不同的从超低时延到千兆速率的需求将会是其关键特征。基于TDD的空口被提议应用于针对小小区信号小时延传播的部署，灵活分配每个子帧上下行传输资源。这种选择上下行配置灵活方式的TDD，也被称为动态TDD。当TDD上下行动态配置时，不同的小区对业务需求的适应更加灵活，同时能够在一定程度上减小基站能耗[9]。动态TDD技术一般只应用在小覆盖的低功率节点小区中，不应用在大覆盖的宏基站小区中。在5G无线通信系统中，超密集小小区组网和大量的应用将成为其基本内容。一个动态TDD的部署可能造成交错干扰的上下行子帧，并且降低系统性能。在5G中，动态TDD的主要挑战包括更短的TTI、更快的UL/DL切换和MIMO的结合等。为了应对这些挑战，目前被考虑的解决方案有4种：小区分簇干扰缓解（CCIM）、eICIC/FeICIC、功率控制、利用MIMO技术[10]。

（5）网络技术

① C-RAN　由于在4G中，广泛采用传统的蜂窝无线接入网络构架，尽管其中采用了一些先进的技术进行改进，但是对于不断增长的用户和网络需求仍然不能满足，接入网的弊端也严重阻碍了更好的用户体验。

因此，在下一代移动通信网络中，找到一种能够显著提高系统容量、减少网络拥塞、成本效益较高的接入网架构迫在眉睫。因此，结合集中化和云计算，运营商提出了一种新型的基于云的无线接入网架构(C-RAN)[11,12]。

如图 2-7 所示，C-RAN 架构主要由 3 个部分组成：由远端无线射频单元（RRH）和天线组成的分布式无线网络；由高带宽低时延的光传输网络连接的远端无线射频单元；由高性能处理器和实时虚拟技术组成的集中式基带处理池（BBU pool）。分布式的远端无线射频单元提供了一个高容量广覆盖的无线网络。高带宽低时延的光传输网络需要连接所有的基带处理单元和远端射频单元。基带池则由高性能处理器构成，通过实时虚拟技术连接在一起，集合成强大的处理能力，从而满足每个虚拟基站提供所需的处理性能需求[13]。

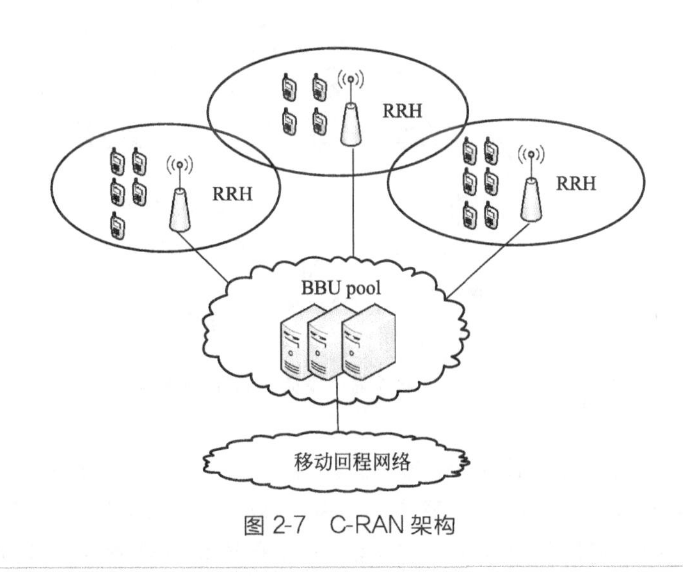

图 2-7　C-RAN 架构

针对移动通信建网和运维成本的上升、多标准同时运营、移动互联网带来网络负荷冲击等现阶段网络运营面对的实际问题，专家提出了创新的 C-RAN 网络架构，“颠覆性”地改变了移动通信网原有的建设和运营模式，为将来移动通信市场开辟新的发展空间，促进了新型物联网的发展。

② D2D　未来网络中，移动数据流量将爆炸性增长，海量的终端设备急需连接以及濒临匮乏的频谱资源等都是急需解决的问题[14]。设备到设备通信（Device to Device Communication，D2D）作为下一代移动通

信网络（5G）中的关键技术之一，可以在一定程度上减轻基站压力、提升系统网络性能、降低端到端的传输时延、提高频效率的潜力[15~17]。

D2D通信是一种两个终端设备不借助于其他设备而直接进行通信的新型技术，已被考虑到下一代移动通信系统的应用场景中。例如在车联网中应用，未来车联网需要频繁地在车车、车路、车人（V2V、V2I、V2P，统称V2X）中进行短程的交互通信，采用D2D通信技术可以有效地进行短时延、短距离、高可靠的V2X通信[18]。此外，蜂窝与D2D异构网络的结合（图2-8）也是很有前景的应用。在系统基站的控制下，D2D通信复用蜂窝小区用户的无线资源，将D2D带给小区的干扰控制在可接受的范围内，直接在终端之间进行通信，从而在很大程度上减轻基站压力，提高频谱资源的利用效率[19]。

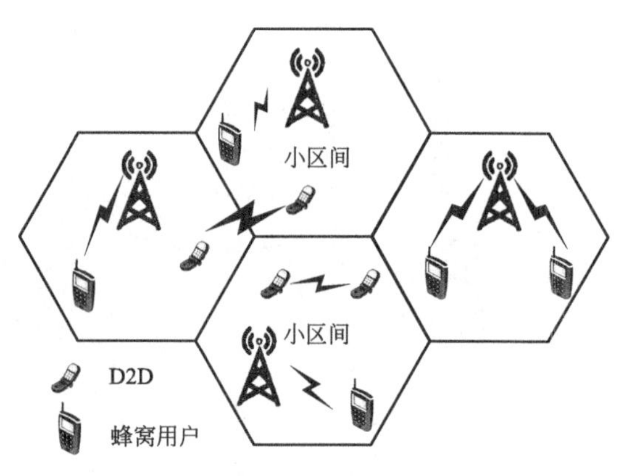

图2-8 蜂窝与D2D异构网络

在万物互联的5G网络中，由于存在大量的物联网通信终端，网络的接入负荷成为严峻挑战之一。基于D2D的网络接入有望解决这个问题。比如，在巨量终端场景中，大量存在的低成本终端不是直接接入基站，而是通过D2D方式接入邻近的特殊终端，通过该特殊终端建立与蜂窝网络的连接。如果多个特殊终端在空间上具有一定隔离度，则用于低成本终端接入的无线资源可以在多个特殊终端间重用，不但缓解基站的接入压力，而且能够提高频谱效率。只有D2D技术与物联网结合，才有可能产生真正意义上的互联互通无线通信网络。

2.1.5 5G未来发展

为了更好地应对未来信息社会高速发展的趋势，未来5G网络应具备智能化的自感知和自调整能力，C-RAN、D2D等技术能够很好地解决此问题，并且高度的灵活性也将成为未来5G网络必不可少的特性之一。同时，绿色节能也将成为5G发展的重要方向，网络的功能不再以能源的大量消耗为代价，实现无线移动通信的可持续发展是重要目标。

5G是一个融合的网络，也是一个更加复杂和密集的网络。5G的支持远超3G、4G网络所满足的场景、数据量及设备接入量，实现网络需要技术的不断发展和创新。此外，5G也将更加注重全方位的用户体验，将根据不同用户的个性化需求智能部署，在任何时间、任何地点都能够实现用户方便、快捷地接入。同时，5G技术的未来不仅在于数据传输速率的进一步提升，更在于它是人类能力的延伸，周围的一切物体都处于实时联网状态，能够互相感知交互并与生产制造融合。

综上，未来智能制造离不开5G网络的连接能力。高性能的5G网络连接工厂内的海量传感器、机器人和信息系统，连接产生的海量数据、优质数据不断优化人工智能算法，并将分析决策反馈至工厂。同时，5G广覆盖的物联网络能力可实现全球化的智慧互联，连接广泛分布或跨区域的商品、客户和供应商等，确保对整个产品生命周期的全连接，从而实现工厂内/外部的全方位集成。

2.2 工业互联网

在过去的200年中，世界经历了四大创新浪潮。第一波创新称为机械革命，始于18世纪中叶，将蒸汽机引入工业生产过程。第二波开始于20世纪初，并通过引入电力加速了产业演进。在20世纪50年代，第三次浪潮开始于现代计算技术的发展以及将计算机相互连接的因特网的发明。近期，工业革命和互联网革命的深度融合，推动了工业互联网革命的新浪潮。

由于最近呈指数级增长的技术（如大数据、云计算、网络）的兴起，工业互联网或工业4.0已经引起了工业界和学术界的极大兴趣。例如，不同的传感器数据将被收集并发送到云计算，以便使用大数据技术进行智能决策。在制造业方面，3D打印技术也可以以更低的成本生产几乎任何形状的定制产品，所需要的时间反而更短。工业互联网通常被理解为应用了信息物理系统（CPS）的通用概念，其中来自所有工业视角的信息被收集，从物理空间进行监控并与网络空间同步。随处提供信息和服务的需求使得CPS成为当今高度网络化世界的必然趋势。如今，医疗设备、汽车驾驶安全和驾驶辅助系统、工业过程控制和自动化系统等行业中有许多 CPS 应用领域。利用先进的现代传感和网络技术以及大数据分析将物理工业组件、机器、车队和工厂融合在一起，为减少浪费以及提高生产效率开辟了巨大机遇。工业互联网将对制造业、航空、轨道交通、医疗保健、发电、油气开发等传统产业带来深刻变革。

工业互联网的远景在很大程度上取决于传统行业采用的先进信息和通信技术。工业互联网包括互联网、工业传感与控制、大数据、云计算、安全等领域的多种支持技术。这些技术涵盖工业生产过程的不同方面，如分析、存储、传感、连接、自动化、人机交互（HMI）和制造等。尽管工业互联网在理论和实践上都有了重大发展，但仍存在许多挑战，例如，在执行关键功能时，工业系统要求被设计为具有严格的性能指标，如稳定性、准确性和对极端环境和长期运行的抵抗能力等。另外，这些系统通常使用为特定任务编程高度定制的基础设施，生命周期超过 15～20 年。在工业互联网的实现中，安全成为一个巨大的挑战，并且仍在探索之中。此外，为确保安全和高效的工业生产环境，需要认真处理信息通信技术（ICT）与工业环境相结合的其他挑战，例如大数据分析、高级传感网络等。

2.3 认知无线网络

近年来由于无线环境变得越来越复杂，这给传统的无线网络带来了诸多挑战，除了用户的不断增加，其服务类型和用户需求也在朝着多样化发展。在单一且封闭的无线通信网络技术满足不了人们对网络通信需求的同时，认知无线网络（Cognitive Wireless Network）开始受到人们的关注。认知无线网络是具有认知过程的无线网络，能够根据网络当前的状态对网络进行规划、决策以及响应。

认知无线网络在技术的不断创新以及提高应用需求的驱动下得到了飞速的发展。作为一种具备认知功能的无线网络，除了能够分辨当前无线网络的状态，还能够根据网络状态对其自身进行智能规划、决策以及实现响应，使网络能够在复杂的环境中发挥自适应的能力，对网络资源的管理和使用情况进行有效优化，其重点是为端到端用户提供一定的服务质量保证。因此，认知无线网络在当前受到了各界的高度重视。

认知无线网络体系的要旨是在感知到网络当前的状况之后，采取自适应功能进行相应行动，利用自适应功能所获取的信息对无线网络当前的状况以及网络事件做出相应的推理。而认知无线网络体系的基础则是认知的特性，通过信息处理和智能来实现感知、决策、资源分配及重构无线网络。同时，感知、决策、资源分配及网络重构这四者之间又有着密切的逻辑关系，因为认知无线网络不但能够有效地观察感知网络当前的状态，而且能够对网络决策自适应，从而实现网络的智能优化。

认知无线网络的结构体系分为异构无线网络、认知逻辑网络及认知服务体系三部分。其中异构无线网络包括 GSM、TD-SCDMA、WLAN、802.22、LTE 以及 WIMAX 等。认知逻辑网络则提出了认知平面和认知流的概念，其中认知流是在业务流和控制流基础上提出的一个全新概念。业务流承载着对无线网络环境的认知、学习以及推理，通过对网络资源的智能配置进行优化，从而增强无线网络的认知、自主及重构的能力。而控制流则在控制平面的各层协议之间传递。认知逻辑网络通过引入新的认知平面，将认知和控制分离开，这样不但可以有效地提高认知和决策的效率，而且还增加了认知无线网络的灵活性。例如，在认知逻辑网络中引入智能映射机制，便可以将异构网络映射成统一网络。而基于同一的认知逻辑网络，不但可以提供网络各节点或者各实体之间、网络和网络之间的合作平台，而且还可以构建满足端到端效能的认知服务体系。

认知服务体系则是基于认知平面与认知功能实体，对各种移动业务进行认知建模，用于端到端效能评价模型。端到端效能的指标体系不但包括误码率、容量、时延等 QoS 指标，而且包括业务可用性、易用性、保真度、费用等用户满意度指标，以及网络适应变形、运营成本、匹配度等网络指标。认知无线网络就可以通过端到端重构的方式，满足端到端效能的指标要求，然后根据端到端效能建立评价准则以及评价模型，最后得出综合的评价结果。但如果为了提高端到端效能，实现认知无线网络自主优化的功能，则需要在此基础上进一步地研究认知逻辑网络及端到端效能评价信息的交互机制。

2.4 工业认知网络

认知技术能为工业互联网提供更好的端到端的服务质量，能用于改善资源管理、服务质量、安全和接入控制等。工业网络要实现认知，首先应能感知自身的环境，把感知结果作为输入来评估网络状态，决定是否要采取行动（如重配置），保证用户端到端的 QoS 要求，并在这个过程中不断学习，将学习到的经验用于将来的决策中。

工业认知网络的核心特征是信息空间集中管理和物理制造空间分布运行的统一，具体可以概括为以下几个方面。

① 网络集成化　工业认知网络集成了流程工业中的多种异构网络，打破信息壁垒的限制，实现泛在信息获取与数据传输。

② 管理集中化　在网络化基础上，构建与制造物理空间全面深度融合的制造信息空间，实现全局信息的统一集中管理。

③ 运行分布式　在信息的集中式管理下，通过网络支撑的分布系统的知识管理、推理与决策，实现物理制造空间各子系统的分布式运行。

④ 应用业务自动化　针对过程系统特点的跨层次、跨领域智能优化模式和方法，全面取代人的干预，实现知识工作自动化。

从各部分地理位置分布的角度出发，工业认知网络主要包含四个部分：工业传感网络/工业以太网络、无线工业本地网络、无线工业广域网络和工业云平台，如图 2-9 所示。

① 工业传感网络/工业以太网络　主要是指制造车间中信号采集及传输网络，是直接面向零部件的通信网络。它主要包含传感器网络、工业以太网络、RFID 及网络网关等。工业传感器网/工业以太网主要为机床、节点等提供信息化接口，使加工单元、原料、半成品和成品成为最末端的信息节点，实现对原材料的实时信息采集和控制。

② 无线工业本地网　结合工厂本地信息/控制中心，形成一个小的 CPS 系统，能对某一个较小区域实现信息化和数字化，其实现技术包括 D2D、LTE-U、WiFi 等。通过构造高效、低时延的信息与控制系统实现本地智能工厂的信息采集与控制。同时本地信息/控制中心能够作为工业认知网络的前沿中心对上传的信息进行加工和预处理。

③ 无线工业广域网　利用现有 3G/4G 网络或未来的 5G 网络作为基础，实现广域互联，使各大地区数据能够汇聚到云平台主控制中心。通过广域无线网移动终端能够在任何时间、任何地点接入工业认知网。

④ 工业云平台　利用存在于互联网的服务器集群上的服务器资源，包括硬件资源（如服务器、存储器和处理器等）和软件资源（如应用软件、集成开发环境等），通过分布式计算、并行计算等技术对资源、信息采取集中式存放管理、分配调度，为各种个性化需求的服务提供支持，

并达到提高生产效率、降低生产成本和节能减排的要求。

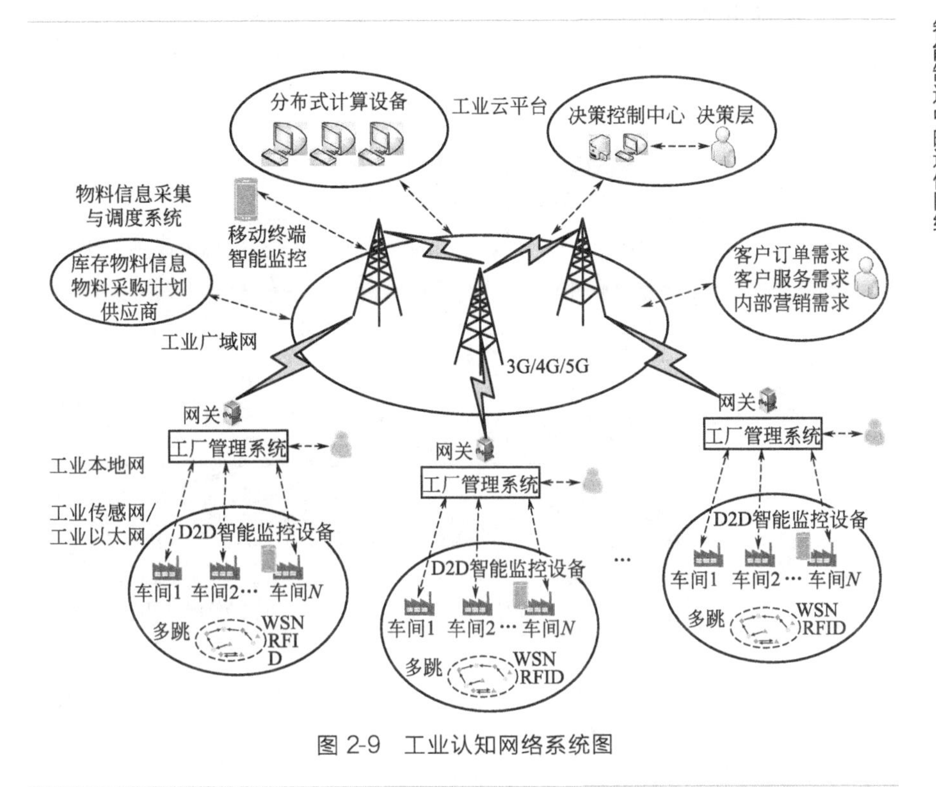

图 2-9 工业认知网络系统图

2.4.1 系统网络架构

工业认知网络系统网络架构（图 2-10）主要分为 5 层，从下至上分别为感知层、汇聚层、网络层、云服务层和应用层。

① 感知层　负责完成复杂工业环境下现场多维、异构数据的实时感知和采集。无线网络具有低成本、组网灵活等特点，但在现代工业制造环境下，电磁环境复杂、温湿度分布广、变化剧烈、通信链路的遮挡严重以及现场信息的实时可靠低功耗等要求成为工业现场数据获取无线化的关键。

② 汇聚层　负责完成多源、异构网络信息融合及共享。流程工业信息类型多样，包括实时测量数据、控制指令、文字、声音、图像、视频等，信息格式不统一。另外有线的设备网、总线网和工业以太网虽然实现了互联，但是仍存在大量信息孤岛，给跨领域、跨层次的信息集成共享带来困难。汇聚层将通过搭建硬件实现平台把不同子系统的设备网、

总线网传输协议转换成统一的标准，实现不同类型、不同格式信息的融合与共享。

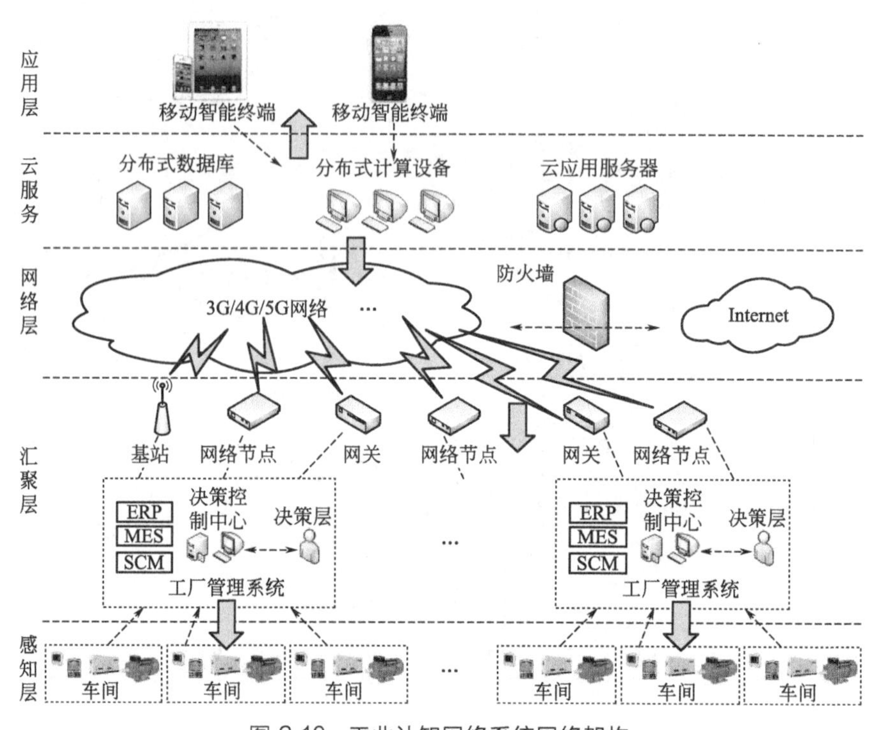

图 2-10 工业认知网络系统网络架构

③ 网络层 负责完成基于 3G/4G/5G 网络等无线广域网的海量信息安全可靠低时延传输。通过基于现有 LTE/LTE-A 技术上搭建网络，可以部分满足高峰值速率和低传输时延。为了应对更高的网络速率和毫秒级传输时延的需求，可以在此基础上融合 5G 的一些新技术，如超密集网络部署（提高网络覆盖率）、毫米波（提高传输速率）、大规模 MIMO（提升信号频谱效率）等，可以大幅度提高信息传输速率、可靠性，降低时延，实现高效率、低时延的信息获取和控制。

④ 云服务层 负责完成海量信息存储管理和数据知识化。通过建立网络服务集群，对海量数据信息采取集中式存储和管理，采用分布式和虚拟化技术对资源进行分配调度，建立数据库将数据知识化，提供开放的软件开发平台和集成环境，给需要各种服务的终端提供支持。

⑤ 应用层 负责提供满足不同类型、不同需求的应用业务的实现平

台。搭建软件开放平台，确保满足不同需求的应用业务都能够在该平台上快速、简单、低成本地开发和部署，与客户进行互联互通，如获取客户订单需求、客户服务需求、客户营销需求等，以及上述软件对工业制造网络系统各种资源的调度和使用。

2.4.2 软硬件平台

新型工业认知网络系统的软硬件平台如图 2-11 所示。

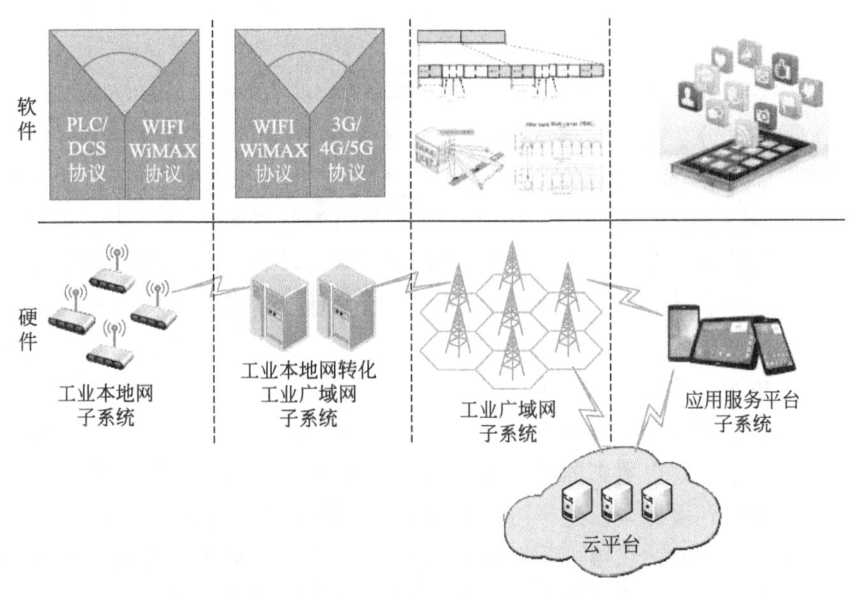

图 2-11 新型工业认知网络系统软硬件平台

(1) 工业本地网子系统

软件部分：集散控制系统（DCS）、PLC 等协议。

硬件部分：本地无线接入设备，WiFi、WiMAX 无线设备。该部分功能是利用 WiFi、WiMAX 等无线本地接入设备，结合工厂本地信息/控制中心，实现工业现场大数据的泛在化采集和控制，并且需完成 DCS、PLC 协议以及传感器大量异质数据转化为 WiFi、WiMAX 等协议的功能，这样工业本地网才能顺利地把这些现场数据高效地传输到本地的后台管理中心，为成功地采集现场数据和管理工业生产及制造提供保障。

（2）工业本地网转化工业广域网子系统

软件部分：DCS、PLC等协议转化为3G/4G/5G公网协议。硬件部分：网关/路由器，该部分功能实现工业本地网和工业广域网的互联互通，是构建工业认知网络中比较重要的环节之一，需要完成工业本地网无线传输协议（PLC、DCS协议等）到工业广域网无线传输协议（3G/4G/5G协议等）的转化问题。为了数据能够准确远距离传输到工业制造云平台，此类异构数据需要进行统一整合，融合成公网传输格式进行3G/4G/5G传输。多维异构数据的融合转化技术成为信息通信系统的关键。

（3）工业广域网子系统

软件部分：新型帧格式、新型信令、新波形、灵活双工方式等。硬件部分：蜂窝网络、基站，该部分的主要功能是通过基于现有LTE/LTE-A技术搭建网络，为大范围的工业区域提供互联网和云端服务接入；其次，为了满足新型工业系统对海量数据的高速率、低时延、高效传输的要求，在工业认知网络中，需要设计更短的帧格式，采用全新的空口设计，引入大规模天线、新型多址、新波形等先进技术，支持更短的帧结构、更精简的信令流程、更灵活的双工方式，有效地实现工业认知网络的广覆盖、大连接、低时延、高效传输等系统功能；另外，还可以采用超密集组网方式，在工厂中部署更加“密集化”的无线网络基础设施，获得更高的频率复用效率，从而在局部热点区域实现百倍量级的系统容量提升，这样可以解决工厂中网络系统容量低的瓶颈。

此外，在第二子系统和第三子系统中，都需要对数据信息进行融合和选择性传输。为此，设计基于认知自适应的选择传输机制，利用信息的时效性、安全性、紧迫性等价值参量区分业务类型，对所需传输的多层次、混杂、异构数据进行筛选，摒弃无价值数据；通过对系统环境的认知、学习来调度资源，设计高效行为规划与决策机制来联合管控系统中各类物理实体，实现反向可控的自适应选择传输机制。当传输负荷较大时，高价值、高效率业务优先传输，从而达到提高传输资源利用率的目的。

（4）应用服务平台子系统

软件部分：手机APP微信服务平台。硬件部分：手机、手持终端。该部分实现的功能是通过移动终端设备来实时地监控和管理整个工厂车间的生产和制造，该部分可以设计专门服务于工业系统的手机APP、微信服务平台等，并且结合云服务平台使用手机和可持终端，实现实时、可移动地监测、控制和管理整个工厂车间，根据反馈的现场数据可远程控制工厂的设备，处理危机事件的发生。

（5）工业云平台

软件部分：各种应用软件。硬件部分：服务器。该部分实现的功能是用户可以利用PC、笔记本或者智能移动终端等，通过浏览器或客户端访问所部署的云平台，直接使用所部署的软件，而不用在客户端安装相应的软件和程序。此外针对企业级云平台应用，使用PC、笔记本、智能手机、平板等终端设备，通过企业Intranet（企业内部网络）接入云端服务，可以使用云平台提供商基于Linux/Unix/Windows的应用服务器上的企业级应用软件，如ERP、MES、HR等，相应的企业数据将保存在云平台提供的企业数据库中。对不同软件进行相应用户的授权，通过Web服务器发布出B/S（Browser/Server）浏览器/服务器模式的平台入口，至此可以保证用户通过浏览器的方式访问和登录发布平台，正常使用权限范围内的应用软件。确保云平台可以供用户通过3G/4G/5G等方式实现在各种项目现场条件，利用笔记本、移动终端等各种设备，正常使用部署的应用软件，并且所有数据都在服务器端流转，保证了项目数据的安全。

参考文献

[1] ITU-R M 2083-0. IMT vision, framework and overall objectives of the future development of IMT for 2020 and beyond. ITU-R, Document 5/199-E, 2015.

[2] Li Y, Wang Q, ZHONG Z D, et al. Three-dimensional modeling, simulation and evaluation of Device-to-Device channels. IEEE International Symposium on Antennas and Propagation & USNC/URSI National Radio Science Meeting, 2015: 1808-1809.

[3] Zeng Y, Zhang R, Chen Z N. Electromagnetic lens-focusing antenna enabled massive MIMO: performance improvement and cost reduction. IEEE/CIC International Conference on Communication in China, 2014: 454-459.

[4] Datang Telecom Technology & Industry Group. Spectrum-Efficiency Enhancing Techniques for 5G. IMT-2020 Promotion Group 5G Summit, Beijing, China, 2014.

[5] Marzetta T L. Non-cooperative cellular wireless with unlimited numbers of base

station antennas. IEEE Transactions on Wireless Communications, 2010, 9(11): 3590-3600.

[6] Tommi J, Pekka K. Device-to-device extension to geometry-based stochastic channel models. IEEE European Conference on Antennas and Propagation (EuCAP), 2015: 1-4.

[7] Zhou Z, Gao X, Fang J, et al. Spherical wave channel and analysis for large linear array in LOS conditions. IEEE Globecom Workshop, 2015: 1-6.

[8] Rappaport T S, SUN S, MAYZUS R, et al. Millimeter wave mobile communications for 5G cellular: it will work. IEEE Journals & Magazines, 2013, 1(1): 335-349.

[9] Anger F. Smart mobile broadband. RAN Evolution to the Cloud Workshop, 2011.

[10] Sabharwal A, SCHNITER P, GUO D, et al. In-band full-duplex wireless: challenges and opportunities. IEEE Journal on Selected Areas in Communications, 2014, 32(9): 1637-1652.

[11] Tao Y, Liu L, Liu S, et al. A survey: several technologies of non-orthogonal transmission for 5G. China Communications, 2015, 121(10): 1-15.

[12] IMT-2020 (5G) Promotion Group. 5G 无线技术架构白皮书. IMT-2020 (5G) Promotion Group. White paper, wireless technology architecture for 5G[R]. 2015: 5.

[13] Nikopour H, BALIGH H. Sparse code multiple access. IEEE 24th Annual International Symposium on Personal, Indoor, and Mobile Radio Communications (PIMRC), London, 2013: 332-336.

[14] Yuan Z, YU G, LI W. Multi-user shared access for 5G. Telecommunication, Network Technology, 2015: 28-30.

[15] 3GPP TR 36. 828. Further enhancements to LTE TDD for DL-UL interference management and traffic adaption. v11. 0. 0, 2012.

[16] Shen Z, Khoryaev A, Eriksson E, et al. Dynamic uplink downlink configuration and interference management in TD-LTE. IEEE Communications Magazine, 2012, 50(11): 51-59.

[17] Demestichas P, Georgakopoulos A, Karvounas D, et al. 5G on the horizon: key challenges for the radio access network. IEEE Communications Magazine, 2013, 8(3): 47-53.

[18] Checko A, CHRISTIANSEN H L, YAN Y, et al. Cloud RAN for mobile networks-a technology overview. IEEE Communications Surveys & Tutorial, 2015, 17(1): 405-426.

[19] Whiter paper. 5G vision and requirements. China IMT-2020 (5G) Promotion Group, 2014.

第3章

信息物理系统

3.1 总体定位

3.1.1 CPS 的作用与背景

信息物理系统（Cyber-Physical Systems，CPS）是支撑两化深度融合的一套综合技术体系，在我国通常将 CPS 译作“信息-物理系统”，也有学者将其译作“赛博-物理系统”[1]。将 Cyber 译作赛博空间的学者更强调 Cyber 空间作为物理实体空间的另一面——虚拟系统的内涵。而将 Cyber 译作信息的学者，更强调 ICT 在第四次工业革命中的作用，本书采用《信息物理系统白皮书（2017）》及《中国制造 2025》中关于 CPS 信息物理系统的提法。

在我国，CPS 技术也受到高度重视。CPS 是通信技术与智能制造深度融合的产物。在《中国制造 2025》中 CPS 被赋予了支撑两化深度融合的一套综合技术体系的定位高度，其定义为：CPS 通过集成先进的感知、计算、通信、控制等信息技术和自动控制技术，构建了物理空间与信息空间中人、机、物、环境、信息等要素相互映射、适时交互、高效协同的复杂系统，实现系统内资源配置和运行的按需响应、快速迭代、动态优化。

CPS 被认为是第四次工业革命的使能技术，主要体现在其突破了以人为核心的智能制造控制与执行的瓶颈。先进 ICT 为其提供了的泛在连接，是 CPS 应用的基础。当信息的获取和传递不再是瓶颈后，对于信息的分析和利用逐渐成为制约生产力变革的主要障碍。

我们用人类的行为方式来类比 CPS 系统。人类通过皮肤、肌肉和骨骼“感知”外部信息，这些信息通过稳定、高速的神经系统传递至大脑皮层的相应处理系统，大脑高速处理后，指挥具体的执行动作。

在工业生产中，主控制系统通过前端的感知系统获取信息。ICT 的发展，使感知层面可以以更高精度获取测试测量数据，这些数据不但包括设备运行中产生的大量数据，还包括通过客户反馈系统收集的客户信息。

通信层面以更低时延和更高可靠性传递数据，而在计算层面，通过云计算、边缘计算等方式加速信息的存储与处理，而最终所有的处理结果，通过精确地控制执行系统完成制造的全过程。

CPS能够将计算（Computation）技术、通信（Communication）技术和智能控制（Control）技术（三者合称为3C）以及感知等与工业设计、生产结合起来，作用于整个生产制造体系，使其具有智能化，支撑信息化和工业化的整体目标。

3.1.2 CPS应用场景

随着CPS技术的发展，CPS的应用已经不局限于构建智能生产制造系统，而是可以应用于生活的各个方面。

a. 在环境治理方面，构建智慧环保，应用于环境检测、治理决策等方面。

b. 在国防科研方面，构建实时战场实景，突破无人载具的智能控制。

c. 在能源利用方面，构建智慧矿井、智慧电网等应用。

d. 在通信感知方面，构建认知无线电网络，通过大数据分析重构网络。

e. 在智能交通方面，突破自动驾驶、智能导航等技术瓶颈。

f. 在智慧医疗方面，构建远程医疗和基于大数据的健康监测系统等。

g. 在社会服务方面，构建智慧城市，提供智慧家居、智慧服务机器人等服务。

CPS虽然为上述智慧功能提供了可实现途径，但是面临一些亟待解决的问题和挑战，这也是目前学术界和工业界关注的话题。

① 深度融合　物理系统与信息系统的深度融合，需要混合系统理论支撑，通过深入探究理论基础和建模方法，构建信息系统与物理系统的深度融合。

② 高可靠、低时延　在5G愿景中，ICT领域的专家已经提出高可靠、低时延（uRLLC）场景，但具体的实现细节还未展开深入研究。传统的互联网基于尽力而为（best effort）服务策略，在此基础上如何实现全网络的高可靠、低时延，也是一个严峻的挑战。

③ 可测性　高度智能化、个性化的生产和应用虽然形态变化多样，但是仍然需要一致性的要求，这样才能实现互联互通和保障基础安全性、稳定性需求。这对测试测量技术、仿真技术等提出了更高的要求。

CPS 的应用挑战还有很多，在这里不再一一详述。具体的 CPS 应用领域会有不同的特性，这都是我们需要解决的问题。

3.2 CPS 体系架构

3.2.1 单元级、系统级与系统之系统级体系架构

CPS 通常是一个非常复杂的系统，可由多个子系统构成。因此，通过系统的组成结构，并考虑系统间的构建关系是一个非常有效的分析方式。

在 CPS 白皮书中，CPS 划分为单元级、系统级、系统之系统级（System of Systems，SoS）三个层次。单元级 CPS 可以通过组合与集成（如 CPS 总线）构成更高层次的 CPS，即系统级 CPS；系统级 CPS 可以通过工业云、工业大数据等平台构成 SoS 级的 CPS，实现企业级层面的数字化运营。

① 单元级 CPS（硬＋软） 单元级 CPS 能够通过物理硬件（如传动轴承、机械臂、电机等）、自身嵌入式软件系统及通信模块，对物理实体及环境进行状态感知、计算分析，并最终控制到物理实体，构成最基本的含有“感知-分析-决策-执行”数据自动流动的基本闭环，形成物理世界和信息世界的融合交互，实现在设备工作能力范围内的资源优化配置。

② 系统级 CPS（硬＋软＋网） 多个单元级 CPS 及非 CPS 单元设备的集成构成系统级 CPS。通过引入网络，将多个单元级 CPS 汇聚到统一的网络（如 CPS 总线），对系统内部的多个单元级 CPS 进行统一指挥、实体管理，实现系统级 CPS 的协同调配，实现更大范围、更宽领域的数据自动流动，互联、互通和互操作进而提高各设备间协作效率，实现生产线范围内的资源优化配置。

③ SoS 级 CPS（硬＋软＋网＋平台） 多个系统级 CPS 构成了 SoS 级 CPS，通过构建 CPS 智能服务平台，实现跨系统、跨平台的互联、互通和互操作，将多个系统级 CPS 工作状态统一监测，实时分析，集中管控，促成了多源异构数据的集成、交换和共享的闭环，在全局范围内实现信息全面感知、深度分析、科学决策和精准执行。

3.2.2 ICT 在 CPS 体系架构中的应用

ICT 尤其是移动通信技术的发展，将有力地推动 CPS 从理论到实用的进程。CPS 是一个将计算、网络和物理集成在一起的系统，是涉及了物理、生物和信息科学等多种学科、多领域的技术。CPS 将连续的物理过程和离散的计算过程进行实时动态交互，使物理空间与信息空间深度融合，达到计算、通信和控制的有机结合。通过从 ICT 角度分析 CPS 的架构，可以得到 ICT 在 CPS 结合层面更为清晰的架构。

ICT 在 CPS 实现中的应用分为以下三个层面（图 3-1）。

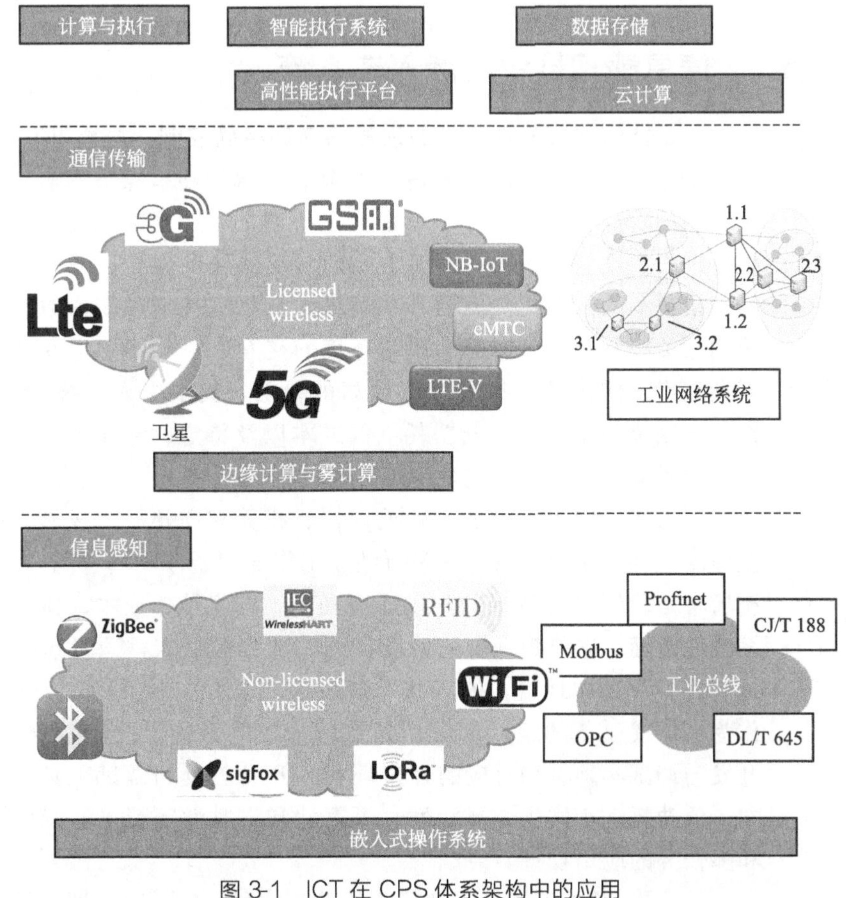

图 3-1 ICT 在 CPS 体系架构中的应用

① 顶层（包括计算与执行等） 通过并行计算资源实现高效的评估与决策，形成控制指令精确执行，实现 CPS 的计算与控制功能。通常对应于系统级及 SoS 级。

② 中间层（为通信传输层） 我们关注无线通信技术和工业互联网相关技术，其目标为实现信息的可靠高效传输。为了进一步提高信息处理的效率，我们需要引入边缘计算和雾计算优化提取信息。

③ 底层（为信息感知层面） 包含与传感器节点相关的通信技术，包括非授权频段的无线接入技术和工业总线技术等。

3.3 CPS 中的 ICT 关键技术

3.3.1 信息感知层中的嵌入式系统

为了能够实现物理设备的远程感知和精确控制、协调以及自治功能，CPS 的最底层感知层需要从传感器节点和执行器节点上部署计算、通信和控制的功能，最终使每一个物理设备都带有一个高度集成的嵌入式系统，进而实现信息空间和物理空间的深度协作和融合。通过分布在各个物理设备上的嵌入式传感器和执行器，从物理环境中获取数据并执行系统的相关控制命令，进而实现与环境的交互[2]。CPS 对芯片工艺、系统复杂程度、使用环境等都有了更高的要求，其中嵌入式技术至关重要。嵌入式系统的小体积、低功耗、低成本以及特定的专用性等特点，是嵌入式技术的主要特点，完全满足 CPS 的需求。

嵌入式系统主要由嵌入式处理器、相关支撑硬件、嵌入式操作系统及应用软件系统等组成，它是可独立工作的“器件”[3]。并且，嵌入式系统通常是软硬件可裁减的，以适应功能、可靠性、成本、体积、功耗等综合性指标。它作为一个完整设备的一部分被嵌入，通常包括硬件和机械部件[3]。简单地说，嵌入式系统的应用软件与硬件通过一体化设计，作为机器或设备的组成部分，是专门为了某个特定应用系统而设计的，开发与调试必须有相对应的开发环境、开发工具和调试工具，具有低成本、低功耗、小体积、灵活性、可靠性和实时性等特点，特别适合实时和多任务的应用场景。

处理器/微处理器、存储器及外设器件和 I/O 端口、图形控制器等构成了嵌入式系统的硬件部分[4]。嵌入式系统中的计算控制系统通常是基于专用的嵌入式处理器硬件实现的，如 ARM、低功耗专用数字信号处理器等。另外，嵌入式系统与一般具有像硬盘那样大容量存储介质的计算机处理系统不一样，它更多地使用 EPROM、EEPROM 或闪存（flash memory）作为存储介质。软件部分则包括操作系统软件和应用程序。嵌入式系统的软件通常采用如 Linux、VxWorks 等的嵌入式操作系统。操作系统则控制着应用程序编程与硬件的交互作用，与通用操作系统相比较，嵌入式操作系统在系统实时高效性、硬件的相关依赖性、软件固态化以及应用的专用性等方面具有较为突出的特点。应用程序主要负责系统的运作和行为。

日常生活中大部分数字化电气设备几乎都应用了嵌入式系统，例如传统的家庭电子设备（如微波炉、空调、冰箱等）、家庭中的智能设备（如电视机顶盒、数字电视等），再比如工业界的移动边缘计算设备、工业自动化仪表、温度湿度等监控传感设备等。为了满足小尺寸、低耗能、工作时长等性能需求，传统嵌入式系统的研究主要在嵌入式计算机硬件及软件对资源的优化利用上，这都是以有限的处理资源为代价，而对物理过程的交互作用没有进行较多研究，也使得编程和交互更加困难[4]。然而，通过在硬件之上构建智能技术，利用可能存在的传感器和嵌入式单元，既可以优化管理单元和网络级别的可用资源，又可以提供增强功能，例如可以设计智能技术管理嵌入式系统的功耗。近年来，嵌入式技术快速发展，涉及的领域也越来越广泛，嵌入式系统从单个微控制器芯片的低端设备到具有多个单元的高端设备，从小型设备到大型设备、从家庭领域到工业领域均得到广泛应用。

（1）嵌入式微处理器

嵌入式系统的核心是嵌入式微处理器，嵌入式处理器通常分为嵌入式微控制器、嵌入式微处理器、嵌入式数字信号处理器和嵌入式片上系统[3] 等。

嵌入式微控制器（Embedded Microcontroller Unit，EMU），通常也称为微控制器（Micro Controller Unit，MCU）或单片机。微控制器芯片内通常由某种处理器内核、少量的 ROM/RAM 存储器、总线控制逻辑、各种必要的功能模块以及某些外设接口电路集成而成。其代表性产品有 8051、P51XA、MCS-251、MCS-96/196/296、MC68HC05/11/12/16 等[4]。

嵌入式微处理器也可以称为嵌入式微处理器单元，通常分为通用微处理器和嵌入式微处理器两类：通用微处理器是为通用目的而设计的，但这种通用处理器可以与其他相关设备、嵌入式操作系统以及应用程序组成一个专用计算机系统，成为设备或机器的某一部分，进而实现嵌入式系统的功能；嵌入式微处理器是专门以嵌入式应用为目的而设计的，其功耗低，对实时多任务有较强的支持能力，可以为了满足不同嵌入式产品的需求而扩展，另外其内部还集成了便于测试的测试逻辑。代表性产品有 ARM、MIPS、Power PC 等系列。

嵌入式数字信号处理器（Embedded Digital Signal Processor，EDSP）也简称为 DSP，这是一种专门用于嵌入式系统的数字信号处理器。嵌入式 DSP 对系统结构和指令系统进行了特殊设计，使其更能够适合于执行 DSP 算法，拥有更高的编译效率和更快的执行速度。嵌入式 DSP 被广泛使用在数字滤波、快速傅里叶变换和频谱分析等相关仪器上。其代表性产品有 TI 公司的 TMS 系列。

嵌入式片上系统（Embedded System On Chip，ESOC）也简称为 SOC。片上系统即在一个硅片上实现一个完整的复杂系统。它是一个有专用目的的集成电路，包含了一个完整系统以及嵌入软件的全部内容。首先将各类通用处理器内核作为 SOC 设计公司的标准库，然后用户只需要根据需求定义出整个应用系统，仿真后将设计图纸交给半导体厂家生产样品，这样就可以将整个嵌入式系统集成到一块或几块芯片上。

嵌入式微处理器一般具备以下 4 个特点。

a. 能够支持实时和多任务，在完成多任务的同时有较短的中断响应时间，从而能够最大程度降低内部的代码和实时操作系统的执行时间，提高效率。

b. 具有很强的存储区保护功能，这是由于嵌入式系统采用的是模块化软件结构，因此很有必要去避免在软件模块之间出现错误的交叉作用，同时这种结构也有利于软件诊断。

c. 具有可扩展的处理器结构，可以根据性能需求迅速扩展出对应的嵌入式微处理器。

d. 具有很低的功耗，有的嵌入式微处理器功耗只能为毫瓦级甚至微瓦级。

通常，在感知层感知获取物理环境的数据后，为了减轻较高层计算的压力，在传输数据前可以将一些感知数据进行简单的预处理，比如摄像机采集的大量图像数据可以利用图形处理器（GPU）进行处理。图形处理器有多个硬件处理单元且峰值性能高，擅长大规模的并行计算，专门用来执行复杂的数学和几何计算能支持 3D 图形、数字视频等。在 GPU 上运行计算密集型的程序和易于并行的程序具有较大的优势，但通常 GPU 具有较大的功耗，所以目前对于能量有限的嵌入式应用还不十分适合[5]。

（2）嵌入式操作系统

嵌入式操作系统是嵌入式系统另一个重要的组成部分，是一种支持嵌入式系统应用的操作系统软件。当嵌入式系统变得越来越复杂后，使用更加成熟的嵌入式操作系统使得软件开发更加容易与高效。嵌入式操作系统包括与硬件相关的底层驱动软件、系统内核、设备驱动接口、通信协议[4]，在一些资源不严格受限的系统上，嵌入式操作系统还提供图形界面和基本应用软件等功能。它具有通用操作系统的基本特点：能够对复杂的系统资源进行有效管理；能够把硬件抽象化，便于开发人员进行驱动程序移植和维护；能够提供基本的库函数、驱动程序、工具集以及应用程序[4]。另外，嵌入式操作系统较通用操作系统具有内核小型化、系统精简的特点，同时还能够提供更为突出的系统实时高效性、硬件的相关依赖性、软件固态化、应用的专用性以及能够为了适应各种应用需求变化对嵌入式操作系统进行裁减、伸缩。总而言之，在嵌入式系统中嵌入式操作系统负责对软硬件资源进行分配、任务调度，控制、协调并发等活动[3]。

嵌入式操作系统可以分为实时操作系统和非实时操作系统。现在越来越多的工业嵌入式系统对实时性的要求越来越高，非实时操作系统不能满足使用者的需求，所以必须采用具有实时性的操作系统，对确定的事件在系统事先规定好的时间内响应并正确处理。

在嵌入式操作系统的发展历程中，至今仍流行的操作系统有几十种，下面主要介绍五种操作系统[6]。

① 嵌入式 Linux　嵌入式 Linux 最大的特点就是源代码公开且遵循 GPL（General Public License）协议，它有大量的免费并且优秀的开发工具和良好的开发环境，且都遵从 GPL，其源代码开放；其拥有小而精悍的内核，不仅具有强大的功能，而且其运行时所需的资源少且稳定、效率高，十分适合嵌入式应用；嵌入式 Linux 能够较为容易地进行相对应的定制裁减，进而适应不同硬件平台的限制和功能或性能的要求；还具有优秀的网络功能，能够提供对以太网、无线网、光纤网、卫星网等多种联网方式的支持；其能够较强地支持图像处理、文件管理以及多任务工作；嵌入式 Linux 支持的外围硬件设备数量十分庞大，并且有着丰富的驱动程序，另外它还能够移植到数十种微处理器上。另一方面，为了更深层次的底层控制，嵌入式 Linux 开放了内核（kernel）空间，提供添加实时软件模块的功能。这些运行在内核空间的实时软件模块，会成为

影响整个系统运行可靠性的因素。FSMLabs 公司的 RTLinux 等实时 Linux 与嵌入式 Linux 相比，内核改动不大，所做修改主要是通过提升实时任务的优先级达到实时的效果，因此也属于嵌入式 Linux 范畴，在此不再赘述。

② VxWorks　VxWorks 操作系统是一种实时操作系统，具有良好的客户支持服务、高性能的内核以及良好的用户开发环境，这些特点使其在实时操作系统中占据领先位置。同时它具有可裁减微内核结构、高效的任务管理、灵活的任务间通信、微秒级的中断处理、高可靠性等特点，因此被广泛应用在通信、军事、航天和航空等领域[6]。另外，VxWorks 是目前应用最广泛、市场占有率最高的商用型嵌入式操作系统，它可以被移植到多种处理器上。但是，VxWorks 的开发和维护成本都非常高，支持的硬件数量也有限[6]。

③ Android　Android 是由谷歌开发的基于 Linux 内核和其他开源软件修改而来的移动操作系统，并且使用了谷歌公司自己开发的 Java 虚拟机，主要设计用于触摸屏移动设备，如智能手机和平板电脑。Android 系统架构分为四层结构，从上到下分别是应用程序层、应用程序框架层、系统运行库层以及 Linux 内核层。系统完全开源，这使 Android 拥有越来越壮大的开发者队伍，能够得到突飞猛进的发展。由于 Android 使用了 Java 进行系统开发，使其具有跨平台特性与较强的一致性，在系统运行库层实现了一个硬件抽象层，向上对开发者提供了硬件的抽象而实现跨平台，向下也极大地方便了 Android 系统向各式设备的移植。另外，Android 系统能够支持大量丰富的应用，同时有着谷歌强大的技术支持，能与谷歌服务无缝集成，充分满足了使用者的需求。

④ iOS　iOS 操作系统是由苹果公司研究开发的移动操作系统，它与 Mac OS X 操作系统同属于类 Unix 的商业操作系统。iOS 具有丰富的功能以及不错的稳定性，是 iPhone、iPad、iWatch 等设备的强大基础。相比于 Android，iOS 同样充当底层硬件和应用程序之间的中介角色，但 iOS 系统的封闭程度高，应用程序不能直接访问硬件，必须通过系统提供的接口进行交互。这样做的好处是能够有效防止恶意软件和病毒的入侵，其封闭性给用户安全提供了可靠的保障，但在灵活性上有所牺牲。

⑤ μC/OS-Ⅱ　μC/OS-Ⅱ是著名的源代码公开的实时内核，是专为嵌入式应用设计的。它能够提供嵌入式系统的基本功能，其核心代码短小而精练[3]。μC/OS-Ⅱ能够被移植到多种微处理器上，但对于大型商用

嵌入式系统而言，还是相对简单了些。μC/OS-Ⅱ主要特点包括源代码公开、具有较强的可移植性（采用 ANSI C 编写）、能够固化、可以进行裁剪、具有占先式的实时内核、具有较强的实用性和高可靠性等。另外，μC/OS-Ⅱ的函数调用与服务的执行时间具有可确定性，不依赖于任务的多少[6]。

CPS 是一个集计算、网络和物理融合而成的多维度复杂系统，通过计算、通信、控制技术，将计算、通信和物理系统进行一体化设计，使得系统具有更高的有效性、可靠性、实时性[5]。CPS 的底层离不开嵌入式技术，嵌入式技术的主要体现是嵌入式系统。嵌入式系统不仅负责计算的功能，还担负着与物理过程沟通的功能，在复杂应用的物理过程中，环境感知的数据被嵌入式系统获知并做出及时反应，从而将计算资源与物理资源深度融合、有效协调，更好地面对周围动态环境。另外，海量计算是 CPS 接入设备的基本特征，因此一般接入设备应具有强大的计算能力。当前嵌入式系统的计算能力还无法满足 CPS 面对异构环境下大范围复杂系统数据的计算，针对这一问题，嵌入式系统可以借助云计算和大数据等相关技术来完成。

3.3.2 通信传输层技术

云计算融合了计算能力和存储能力，将所有计算任务和存储任务放在云端进行处理，利用云端强大的计算能力和存储能力来计算和存储数据是有效的数据处理方法，可以更加灵活地为用户提供计算、存储和应用程序等资源的共享。然而，物联网的发展促使越来越多的数据在网络边缘产生，传统的集中式网络架构由于回程链路负担沉重、传输时延较长，无法满足用户需求，有限的回程容量和数据传输的速度正在成为云计算的瓶颈。因此，研究者们提出了将网络功能和内容带入网络边缘的新体系结构，即边缘计算（edge computing）和缓存。

(1) 边缘计算

传统的集中式云计算结构对于物联网是不够的。首先，随着网络边缘数据量的增加，将导致巨大的不必要的带宽和计算资源的使用。如果所有的数据都需要发送到云处理，会造成高时延和高回程带宽消耗，这对于需要实时响应的应用程序是不利的。在这种情况下，传统的云计算并不能有效地进行数据处理，需要在边缘处理数据以缩短响应时间，从而更有效地处理并减小网络压力。其次，用户的隐私保护要求将成为物联网云计算的障碍。最后，考虑到物联网中大部分终端节点的能量限制以及无线通信模块的能耗，将一些计算任务卸载到边缘可能会更加节能。

随着5G技术的发展，边缘计算将成为解决这个问题的关键解决方案。边缘计算在网络边缘部署云服务器，集计算、存储以及网络功能为一体，是下一代5G网络的关键技术之一。其中移动边缘计算（Mobile Edge Computing，MEC）是基于移动通信技术的边缘计算。移动边缘计算是云计算到无线网络边缘的延伸，在网络边缘提供计算、存储和智能互联等功能，满足用户对高速率、低时延和高可靠性等的关键需求。边缘计算在网络边缘响应服务的需求，从而减少网络拥塞、降低传输时延，是物联网应用的重要支撑，是CPS的核心技术。工业制造的智能化离不开物联网、大数据和云计算，同时也离不开边缘计算。边缘计算的发展将为世界各国带来新一轮的技术变革和发展机遇，同时也为我国产业转型带来发展机遇。

边缘计算的架构如图3-2所示，它包含云层、边缘计算层和设备层[7]。边缘计算平台允许边缘节点响应服务需求，执行部分存储和计算任务，不需要将数据交付云端处理。它作为一种新的技术理念，可以有效减轻云端的负荷、提升处理和传输效率、减少带宽消耗和网络时延等。边缘计算与云计算互为补充，可以有效支撑云端的服务。

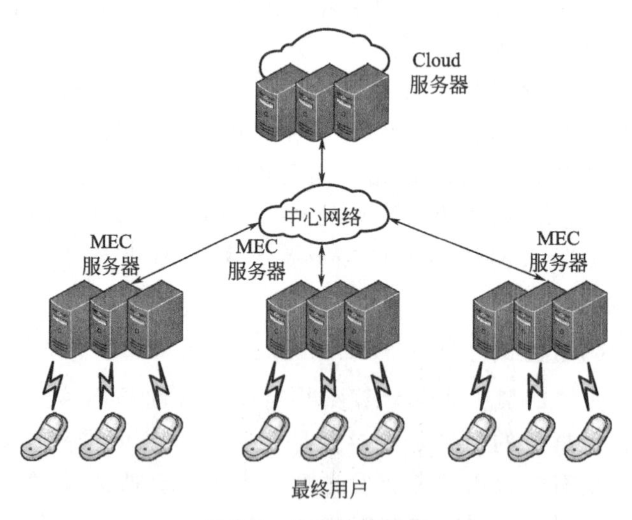

图3-2 边缘计算架构

如果将边缘计算应用于工业领域中的 CPS，它可以帮助 CPS 更好地实现处理执行的智能化。以典型智能制造模式为例，整个生产流程包括信息采集、信息处理、科学决策以及精准执行等过程，每一个环节各种智能设备都将会产生大量的数据。为了实现对所有资源的优化配置并进行科学的决策，需要对数据进行快速有效的处理并进行实时分析，从而高效地做出科学的决策，指导整个系统的运行。

（2）雾计算

雾计算（fog computing）是一种边缘计算架构，旨在适应物联网应用，它使用诸如边缘路由器等靠近用户的边缘设备来执行大量的计算任务。它的主要特点是：它是一个完全分布式、多层的云计算架构，其中雾节点部署在不同的网络层次。虽然它在某些方面与 MEC 类似，但是与 MEC 的区别在于它将更适合物联网的环境，物联网设备更接近雾计算平台而不是大规模数据中心。

雾计算平台位于云平台和设备之间，使用诸如路由器等边缘设备执行计算任务和存储任务，可以有效缓解网络负担，减轻网络拥塞，减小传输时延，提高用户满意度，弥补传统云计算在物联网应用的不足。雾计算的组件雾节点分布广泛，雾计算平台的主要特征是：它可以利用多个终端用户或靠近用户的边缘设备之间的协作来帮助移动设备完成数据的处理任务和存储任务。从雾计算的角度看，边缘是核心网络和数据中心的一部分。雾计算的架构如图 3-3 所示，它包含三层：云层、雾层和设备层[8]，其中雾层可以根据要求包含多层。雾节点可以是小型基站、车辆、路由器甚至用户终端，设备选择最合适的雾节点进行关联。

雾计算是另一种边缘计算范式，如果将雾计算应用于工业领域中的 CPS，它可以帮助 CPS 更好地实现处理执行的智能化。

首先，CPS 是智能制造的核心，它在物理空间和信息空间之间架起一座桥梁，驱动数据自动流动，完成对资源的优化配置。在此过程中，数据的处理尤为重要，需要一种分布式架构来高效地处理数据。雾计算正是这样一种分布式架构，应用于智能制造可以提高智能制造系统中数据处理效率，增强系统性能。

其次，智能制造生产过程中的各个生产环节其实构建了一个小型的物联网生态系统。通过引入雾计算架构，各个生产环节可以高效进行，提高生产力。例如，首先通过传感器以及各种数据采集技术捕捉物理实体背后的隐性数据，完成隐性信息的显性化。然后通过引入雾计算架构，将数据的实时分析以及科学决策集中于网络边缘设备，增加了本地计算和存储数据的能力，数据的存储及处理不再依赖服务器，提高了数据处理效率。最后将处理得到的决策应用于物理设备，使其能够按照预期的状态运行。

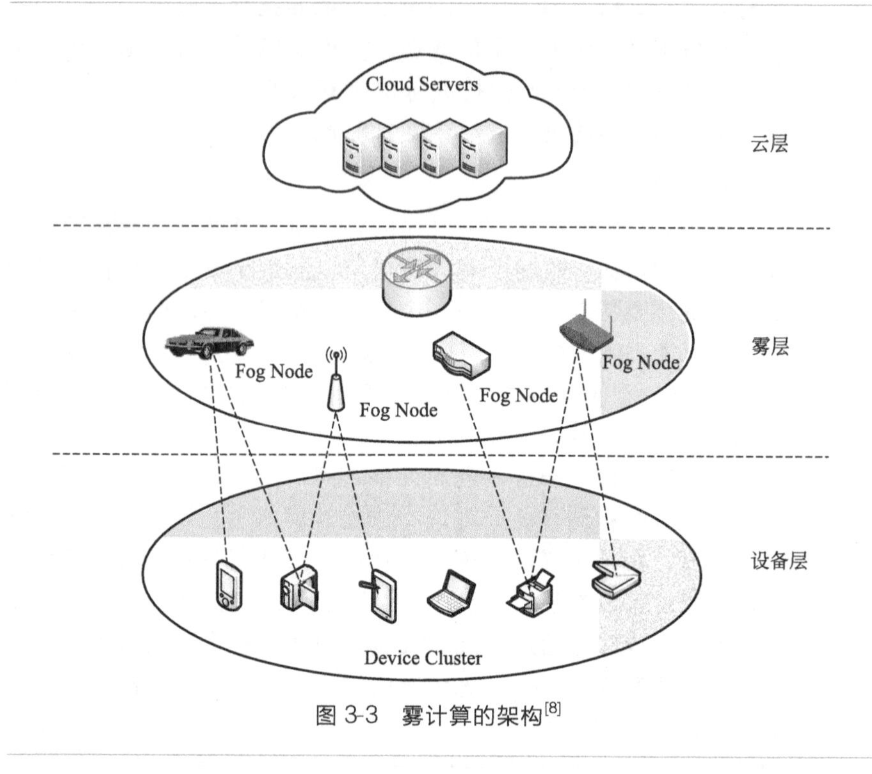

图 3-3 雾计算的架构[8]

雾计算在智能制造业中的应用前景非常广泛，是智能制造的关键技术之一。它在智能制造中的应用使生产设备智能化，增强本地计算和存储能力，使本地设备可以实时分析，做出科学决策，从而改善运行状态。在 CPS 中应用分布式雾计算，不仅可以有效减少网络流量，使数据中心的计算负荷减轻，而且可以使数据在短时间内得到有效处理，提高智能制造的系统性能。边缘、雾和云相互补充，使计算、存储和通信在云和终端之间的任何地方都成为可能。边缘计算、雾计算与云计算相辅相成，已成为智能制造最有利的技术基础之一[9]。

3.3.3 计算与执行层技术

(1) 制造执行系统

制造执行系统（Manufacturing Execution System，MES）是位于上层的计划管理系统与底层的工业控制之间的面向车间层的管理信息系统[10]，起到承上启下的关键作用，是我国工业信息化系统体系架构的核心之一。

我国工业信息化系统体系架构如图 3-4 所示，由过程控制系统（Process Control System，PCS）、制造执行系统（MES）和企业资源规划系统（Enterprise Resource Planning，ERP）/经理信息系统（Executive Information System，EIS）构成。其中，过程控制层主要面向生产作业现场，制造执行层主要面向车间，管理决策层主要面向客户。MES 遍布整个车间生产制造环节，负责生产管理和调度执行，不仅可以对车间所有资源进行实时跟踪记录、分析处理，而且可以实现生产计划调度、监控、资源配置和生产过程等的最优化配合，实现生产过程的自动控制。

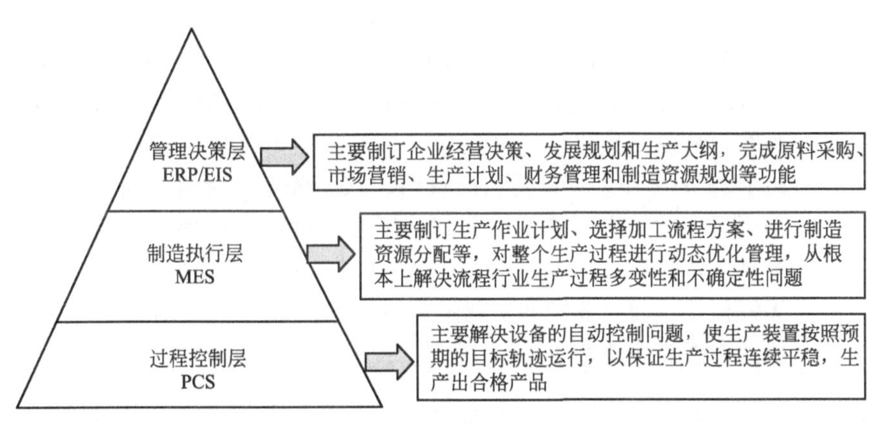

图 3-4　工业信息化系统体系架构

在工业信息化系统体系架构中 MES 位于中间层，之所以会提出 MES，是因为信息技术的发展使制造业逐步信息化，但如何提高企业生产管理水平仍是个挑战。因此，ERP 也被越来越多的企业关注。然而，ERP 引入到企业中有时会出现 ERP 系统与过程控制系统的脱节现象，原因是 ERP 系统与过程控制系统无法进行有效的信息交互。因此，MES 便被引入，用作填补计划层和过程控制层之间的空隙，在计划层和过程控制层之间架起一座桥梁，使计划层和控制层之间能进行互联互通。

从生产过程的发展和进化可以看出，MES 不仅是智能制造的关键所在，更是其发展所必需的。要想提高企业的效率和各项能力，在生产流程中必须着眼于管理层，不断完善和优化各项资源。在现代化工业中，以信息管理系统为媒介，信息能够得到充分的管理和传递，资源也能得到充分的利用，无论在采购、存储、生产、销售、人员、财产还是物料方面，都能合理有效地发挥最大的作用，从而实现整体制造效率的提升[11]。ERP无法对车间内的详细生产现场进行规划指导，这对生产制造来说是一个不可忽视的问题，因为没有监控管理的生产现场无法保证生产质量。生产进行过程中到底发生了怎么样的状况、遇到什么样的问题都不能及时汇报并得到处理反馈，由此便诞生了MES这样一个纽带，通过反馈进一步管理、优化生产制造。这样的反馈是一个回溯过程，可以使上层更便捷地了解到诸如生产原料的提供厂家、提供时间、运输方式、接收人信息、生产技术人员信息、生产中各个环节进行的时间、各项参数等[11]。根据这些信息中存在或潜在的问题及时调整，有针对性地做出应对方案，能大大提高生产效率，充分提升客户的满意度。

MES与ERP、PCS之间的关系如图3-5所示，MES是连接上层计划管理和底层控制之间的重要环节[10]。首先，MES与ERP的协作可以为客户提供更细化、快速反应、带有一定柔性的生产环境。其次，MES与PCS的协作，可以使生产数据、状态等上报及时，同时使管理计划层得到可靠的真实数据更加及时。作为上层计划管理和底层控制之间的重要环节，MES与ERP、PCS的协作可以实现计划管理层和底层控制层的无缝衔接，使企业能够实现生产过程的自动控制，增加企业随机应变的能力，提高企业竞争力。

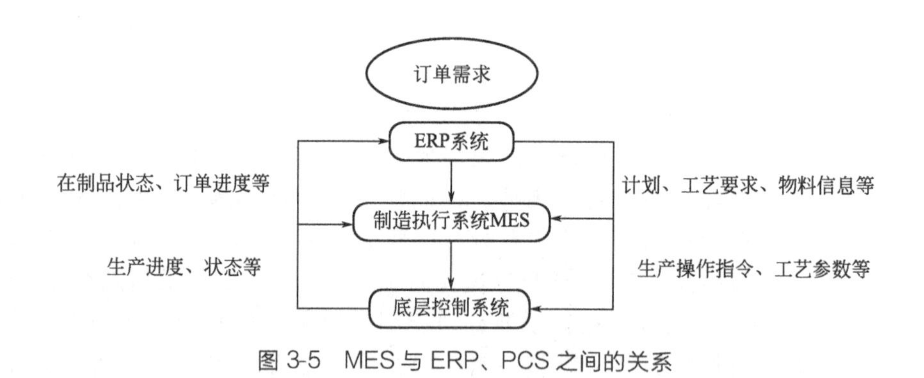

图3-5 MES与ERP、PCS之间的关系

自MES问世以来，它的影响力已经逐渐扩展到了全球各地，MES在许多实际生产经营中已经展现出强大的应用价值和进一步发展的潜力，目前，已经对MES进行投入使用的市场包括车辆、冶炼、医疗、石油化工、食品加工等，均取得了可观的经济效益。研究报告[12]调研结果显

示，采用MES的企业可以平均缩短制造循环时间45%、缩短数据录入时间75%、减少生产过程的操作量17%、减少文档及纸介转换量56%、缩短交货周期32%、提高质量水平15%、减少文档/图纸的丢失率57%，同时促使一系列MES研发公司的建立，以及一系列相关软件产品的诞生。

MES是智能产业的关键环节，它以精益生产为理念原则，为产业链提供有力的管理支持，强化信息交互和过程控制，使生产制造更加规范、高效求精。随着市场经济的发展，承担执行角色的MES便搭起了计划与控制之间的桥梁：一方面上层将指令传达给MES，MES通过计算、分析建模，将计划操作指令进行细化、深化和具体化；另一方面MES将指令传达至底层进行生产操作，并及时对产品状况进行反馈。

不同的生产链需要实施不同的管理和调度模式，不同行业甚至不同项目也会在运转过程中出现个性化分化，这些都使MES逐渐具有独特的差异性和多样性[12]。随着大众对MES性能和产品的要求越来越高，单一的车间调度管理系统已经在逐渐丧失吸引力，只具有基础性能的MES也不再能满足市场的需求。在物理信息化的扩展与深入大形势下，为提升工业核心竞争力，应用高级排程技术（Advanced Planning and Scheduling，APS)、动态成本控制以及具有进行精细化管理、差异化管理、适用柔性制造应用模块的MES越来越为市场所关注。MES中所涉及的关键技术包括高级排程技术、动态成本控制、射频识别技术、传感技术等。

高级排程技术是MES中用于解决生产排程和生产调度问题的一项关键技术。对于离散行业，它主要解决的是多工序、多资源的优化调度问题；对于流程行业，它主要解决的是顺序优化问题。APS以供应链和约束理论作为基础，运用大量的数学模型和模拟技术解决问题，在计划排程的过程中充分考虑企业的资源数量和能力限度，以复杂的运算法则进行计算，从海量的可行方案中择出最优投入使用，完成产业链中的计划、分析、优化、裁决等环节。

APS的概念起源于早前的约束理论和最优化生产技术，它的发展则是建立于人工智能、计算机科学及多重管理技术的发展之上的。APS的核心是算法，但实际应用中并不是采用某种单一的方案，而是将多种算法（如线性规划、约束理论、模拟等）有机结合。为了达到卓越的计划能力，APS系统具有以下特征[13]。

a. 并行计划（Concurrent planning）：APS可以根据目标对计划进行整体、同步的优化。例如APS根据订单顺序和紧急程度，择出优先进行生产排程的订单。

b. 约束计划：APS 可以考虑各种约束进行优化。例如确定所选订单所需的原材料等。

c. 计算速度快。

d. 决策支持：APS 可用于事前模拟分析，也可以用于事后计划与结果的比对。例如确定生产加工的开始时间和所需总时间，并可在生产结束后对比。

e. 实时性：APS 具备快速反应机制，可根据最新情况作出适当安排。在实际生产中，经常会出现一定程度的突发状况，如插单、订单取消、资源材料匮乏、机器故障失常、人员重大变动等，都会导致实际进度与计划排程不再相符。此时需要快速重新调整方案，及时重排以使进度恢复正常。

APS 以高效的算法为支撑，以计算机系统为有力基础，通过对资源材料、生产进度等排程，保证生产环节的顺利紧凑，使生产计划更为完善、精确，生产过程更加合理。常用的算法包括线性规划、遗传算法、约束理论和启发式算法等[13]。

MES 的另一关键技术是动态成本控制。动态成本控制指产业中实际生产成本与目标成本的管理，结合实际情况对目标成本进行控制。成本控制是生产中的重要环节，是生产顺利进行的前提和基石。成本控制的成效不仅与生产进度相关，还直接影响产业的经济利润，优化的成本控制能提高企业收益，最大限度地降低材料消耗。动态成本控制并不是一个新颖的理念，很多企业也已建立了具有动态管理特性的运作系统。但由于实施难度不小，加之现阶段各企业面临的环境也愈渐复杂，大部分动态管理体系还不尽完善，所以成本控制这一环节越来越引起人们的关注。

此外，采用射频识别技术（Radio Frequency IDentification，RFID）和传感技术，可以使 MES 系统的智能物流模块在企业运用中对各项物料进行生产过程中的追踪、监控以及质量追溯，可以减少盗窃损失，提高送货速度，实现货车车辆自动调度，节省人力成本以及减少车辆拥堵，从而提高物流的流通效率，降低整个库存成品。RFID 和传感器技术在本书的第 4 章将会详细阐述，在此不再详述。

在众多关键技术的组合支持下，MES 对车间人、物和设备进行实时监控，了解整个车间的生产状况，并及时反馈给管理层，还能对整个业务生产流程进行优化，让企业在保证质量的情况下最大限度地降低生产成本，提高生产效率。

基于MES的生产流程紧凑而有序，整个系统围绕高质高效的最初理念和最终目标，最大化地实现精益制造。它以企业生产战略为理念，以最终成果绩效为方向，以现场为中心，以效率和安全为聚焦。MES强化产品生产加工流水线的控制，使生产节奏可视化，更加透明合理，使任务计划能充分、按时完成。此外，由于MES的目标之一是加快应答速度，生产过程中的异常情况警报会在第一时间得到响应，并由MES给出分析对策，最终高效解决。MES不单一作用于某一细节，它是宏观的优化和调控，强化生产的全部过程，使产品生产所需的时间大大缩短，减少冗余时间和非必需的人员耗费，保证和提升成品的质量，最大限度地创造企业收入利润，是提高科技影响力和生产竞争力的强大支撑。

MES与CPS具有一致的设计原则和实施目标，所有的规划都以少成本、高时效、低能耗为中心思想，这与实际各个产业的需求相贴合。两个系统都采用多结构的机制，在安全性、稳定性的前提之下，它们既是一个有机的整体，也需要各层之间相互交互延伸，协同推进发展。CPS与MES的有机结合，为企业加快信息化步伐、提高产品质量和生产制造过程的安全性起到了极大的推动作用，为打造智慧工厂提供了有力的保障。在智能制造突飞猛进的今天，CPS的系统成分将更加丰富多元化，MES将与更多体系协调运作，其自身优化也将进一步促进CPS发展，这都将为人类社会带来巨大而深刻的变革。

（2）GPU和FPGA

超密集的计算需要大量的硬件资源，目前对于密集型计算可采用图形处理器及现场可编程门阵列的方式。本节对这两个概念进行介绍。

图形处理器（Graphics Processing Unit，GPU），顾名思义是专为执行复杂的数学和几何计算而生的，是基于大的吞吐量设计的[3]。GPU拥有数百个硬件处理单元，这使成百上千个核可以同时跑在非常高的频率（如GHz）上，并且最新的GPU峰值性能可以高达10T flops。此外，GPU每个处理单元都是深度多线程的，因此即使有的线程停止工作，其他的线程还可以继续工作。GPU有较多的核（也被称为“众核”），每个核拥有相对较小的缓存空间，数字逻辑运算单元少而简单。因此对于GPU而言，若想使其优势最大化，那么最好使每个核在同一时间做同样的事情，这也使GPU成为处理海量数据的“专才”。所以与CPU擅长的逻辑控制、串行运算不同，GPU更擅长的是大规模的并行计算，对数据元素进行大量的计算，因此在GPU上运行计算密集型的程序和易于并行的程序更有优势。另外，GPU的内存接口带宽较宽，而服务器端的机器学习算法需要频繁地访问内存，所以在这一点上有利于将GPU应用于机器学习[5]。

现场可编程门阵列（Field-Programmable Gate Array，FPGA）用硬件描述语言编程进行电路设计，并且可以根据需求的不同而将FPGA内部的逻辑块与连接进行改变，因此FPGA作为专用集成电路中的一种半定制电路出现[4]。FPGA最大的特点便是灵活性，它可以根据特定应用编程，例如机器学习中某些应用采用的是多指令流单数据流（Multiple Instruction Stream Single Data Stream，MISD）架构，即单一数据需要用许多条指令进行平行处理，此时FPGA占有更大优势。FPGA减少了受制于专用芯片的束缚，而使设计者更能根据需求定制电路并且在优化过程中更改设计。其次，FPGA的内部程序采用并行的运行方式，可以同时处理不同的任务，高效率工作。除此之外，FPGA内部有着丰富的触发器与I/O引脚，这样使FPGA可以方便地与外设连接。同时，FPGA还具有功耗低的特点，但其总功耗还要考虑程序的执行时间长短。

综上，CPS在环境感知的基础上，深度融合3C技术——计算、通信和控制，使物理资源与计算通信资源可以紧密地结合与协调，将计算系统与物理系统统一起来。

3.4 CPS安全技术

CPS安全问题是决定CPS能否被广泛使用的关键因素之一。由于CPS引入了更多来自物理系统的因素，所以其安全问题相比于传统IT系统的信息安全更加复杂。CPS采用的大多是通用操作系统，并且依赖网络通信来增强其开放性，信息空间和物理空间的深度融合使得通过攻击信息空间进而侵入物理空间更加可能，这就使得在带来重要技术优势的同时安全风险也随之增加。CPS一旦被成功攻击，系统的运行将会受到严重破坏，因此对CPS安全问题的研究具有较高的必要性。

3.4.1 CPS安全要求

CPS的安全分类和传统IT系统一样，也可以分为完整性、机密性和可用性，但这些分类在CPS的环境下又有着新的含义[2]。

① 完整性（即数据资源完整可信的特性） CPS的完整性要求系统内部各个单元发送和接收数据的一致性能够得到保证，没有得到授权的用户不能对其进行修改。

② 机密性（即保证未授权用户无法获取机密信息能力的特性） CPS的机密性要求系统能够保证在系统内部（传感器、控制器以及执行器）之间的通信数据不会被窃取。

③ 可用性（即基于系统需求的资源是否可使用的特性） CPS的可用性对系统的要求是必须一直处于正常工作状态。

除了上述三个要素之外，很多CPS在可用性的基础上，还对软件的实时性、时间的准确性同样有严格的要求[14]。

虽然CPS的安全分类和传统IT系统一样，但是这三个要素在CPS与传统IT中的重要程度大不相同。传统IT更加关注关键信息的可靠性与保密性；而CPS最关注的是系统的可用性，其次是完整性与机密性。CPS是物理系统与信息系统的融合，通过对物理系统的感知，信息系统进行分析、计算、控制物理系统执行相关动作，例如对于交通系统、水电站等这样的物理系统而言，如果对其可用性进行破坏，将会对正常生活造成巨大影响[14]。如果对CPS中控制信息的完整性进行破坏，就会导致物理系统无法正确进行执行操作。

3.4.2 CPS安全威胁

（1）信息感知层安全威胁

在CPS中，信息感知层是感知数据的来源，同时也是控制命令得以执行的场所，这是一个由传感器网络组成的封闭系统，这一层若想与外部网络进行通信则必须通过网络节点。感知层的网络节点大多数都是在无人监控的环境之下进行部署的，因此特别容易成为破坏目标，遭受到外部网络的入侵[2]。目前针对感知层的主要安全威胁包括：通过对感知节点本身进行的物理攻击，导致信息泄露、信息缺失；通过长时间占据通信信道，导致信道阻塞，使数据无法进行传输；通过控制系统的大部分节点来削弱冗余备份等。因此，在感知层需要建立入侵检测以及恢复机制，从而及时发现攻击并解决，提高系统的健壮性。同时，为了降低控制内部节点的恶意行为，需要对内部节点采取信任评估机制。除此之外，为了保障内外传感信息的安全传输，还必须考虑在内部感知节点与外部网络之间建立相互信任机制。同时，由于感知层对数据的处理能力、存储能力和通信能力有限，因此难以应用传统的公钥密码以及调频通信等安全机制。

（2）通信数据传输层安全威胁

CPS 的通信传输层利用 5G 未来网络作为核心承载网络，而 5G 未来网络本身的架构、网络设备和接入方式都会给 CPS 带来一定程度上的安全威胁[15]。同时由于通信传输层存在海量节点和海量数据，这就可能导致网络阻塞，进而容易受到 DoS（Denial of Service）/DDoS（Distributed Denial of Service）攻击。另外，CPS 更多采用的是异构网络结构，而异构网络之间进行的数据交换、网间认证、安全协议的衔接等也都会给 CPS 带来一些安全问题。

非法入侵者能够通过 DoS 攻击、认证攻击、跨网攻击、路由攻击等方式影响核心网对各地区域网络的感知与计算，从而导致系统无法及时执行任务，甚至无法进入稳定状态。这一层主要传输控制命令和路由信息，因此这两者是攻击者的主要攻击目标。对控制命令进行篡改、伪造、阻塞或重放等操作，会直接或间接影响物理系统的正常运转、执行命令。另外，攻击者可以对路由信息进行恶意更改、错误路径或选择性转发、伪造虚假路由信息等，进而导致路由混乱，使内部节点之间的通信不能正常运行。目前针对感知层的主要安全威胁包括：干扰正常的路由过程的路由攻击；对终端感知层与数据传输层网络之间数据传输的汇聚节点进行破坏的汇聚节点攻击；导致网络路由混乱的方向误导攻击；造成数据包丢失的黑洞攻击等。

（3）计算与执行层安全威胁

CPS 通过计算与执行层实现资源的共享，并智能地影响和控制物理世界。对于 CPS 的实时性要求，核心网通过增加时间参数的解析和处理模式，根据时间约束要求和判断，给出处理响应和确定是否执行。

本层存在着大量种类各异的应用，并且这些应用还存储着大量用户隐私数据（如用户健康状况、消费习惯等），因此对于 CPS 中的隐私保护问题必须加以重视。由于这些应用不仅数量多，种类也纷繁复杂，所以不同种类应用的安全需求也不尽相同。就算是同一安全服务，对于不同用户而言，其含义也可能完全不同，因此其针对于安全问题的技术设计要采用差异化服务的原则，这对 CPS 的安全策略带来了巨大的挑战[2]。

应用软件的系统漏洞和用户隐私是攻击者的主要攻击目标[15]。另外，应用层为了改善应用服务，会对海量用户进行数据挖掘，而这一技术在为用户提供便利的同时也使用户个人隐私面临更大的泄露风险。

3.4.3 CPS 安全技术

CPS的安全技术研究主要分为信息安全和控制安全两个方面[2]。在信息安全方面，主要研究如何在高混杂、大规模、协同自治的网络环境下收集信息、有效处理信息和共享信息资源，研究热点主要是如何提升现有安全技术水平、如何为用户隐私提供保护、如何更高效地处理海量加密数据等；在控制安全方面，主要研究如何在松散耦合、开放互联的网络化系统结构下进行安全控制等问题，研究热点主要是如何降低甚至克服入侵对控制系统控制算法的影响。

下面从CPS的三个层次来介绍相关安全技术。

（1）信息感知层安全技术

CPS的感知层主要涉及各个节点基础设施的物理安全、感知数据的采集以及控制命令的执行，是CPS安全的基础。信息感知层包含传感器、执行器、RFID标签、RFID读写器、移动智能终端等各种物理设备，主要负责从物理环境中感知和获取数据并且执行相关系统控制命令[15]，需要保障这些设备的安全。信息感知层通过分布在各种物理设备上传感器获取与辨识物质属性、环境状态等大规模分布式的数据和状态，然后通过通信传输层将获取到的数据传输到网络内部进行处理并反馈至执行器进行相对应的操作，进而与外界物理环境进行交互。感知层是一个由传感网络组成的封闭系统，因此传感网络自身的安全问题是设计感知层安全技术的主要考虑对象[2]。另外，由于传感节点的硬件结构相对简单，所以其通信、计算和存储能力非常弱，不容易达到传统保密技术的要求。

内部传感节点容易受到外部网络的攻击，所以要对节点的身份进行一定的管理和保护，这会在一定程度上延长节点的认证时间，因此在实际应用中需要通过权衡系统的安全性和效率，制定出一个较为平衡的节点认证策略，对内部节点进行身份认证和数据完整性验证、异态检测和入侵检测，建立节点信誉度评价等机制[15]。攻击者可能会恶意散布相关信息使得感知节点无法感知到正确的信息，为了更高效可靠地保护节点感知数据的安全性，可以采用生物识别和近场通信等相关技术。此外，还需考虑保障传感信息的安全传输问题，建立传感节点与外部网络之间的互信机制，采用轻量级的密码算法与协议、可设定安全等级的密码技术、传感网络密钥协商、建立安全路由等[15]一系列措施。

(2) 通信传输层安全技术

通信传输层主要通过互联网、局域网、通信网等现有网络进行数据传输，实现数据交互[15]。未来CPS通信传输层由5G作为核心承载网，为其进行实时通信和信息交互提供支撑。另外，可在传输数据的同时，通过边缘计算等进行智能处理和管理海量信息。在这一层中，攻击者主要集中攻击控制命令和路由信息。数据传输层的安全机制可以综合利用点到点加密机制和端到端加密机制，进而保障系统中通信数据的安全[16]。

其中，点对点加密机制主要包括节点认证、逐跳加密以及跨网认证等，这种安全机制对节点的可信性有较高的要求，但能够使数据在逐跳传输过程中的安全得到保障，并且在传输过程中每个节点都能够得到明文数据。另外，端对端加密机制主要包括端到端的身份认证、密钥协商以及密钥管理等，这种安全机制能够根据不同的安全等级提供灵活的安全策略，进而保障端到端的数据机密性。

(3) 计算与执行层安全技术

计算与执行层是将物理和信息两大模块融合的桥梁，使CPS得以完成计算过程以及数据资料等的共用。

本层的安全主要聚焦于边界防护。网络边界容易受到入侵和攻击破坏，防范的重要性高。相应的安全技术能够对CPS网络遭受的破坏进行实时监测，高效保障整个网络的安全性，同时区分不同的应用层和各区域依次部署，具备各异的特色同时又相互兼容。CPS计算与执行相关的关键技术有很多：首先是分层分域纵深隔离部署体系，它的特点是能够主动进行安全防护，监测网络边界的入侵，及时作出隔离等安全防护措施。其次在异构多域网络方面，有网络结构脆弱性分析、加密安全传输和跨网认证等相关防护，同时能够对网络安全进行测试和评估；在路由方面，包括弹性路由、多路径路由、可重构覆盖网络等技术，能够增加网络负载上限、强化吸收并优化恢复功能；在访问方面，有对网络的越权访问和违规行为的实时监督管理措施等[17]。

CPS执行决策系统和各种特定应用背景下的软件系统主要负责交互的功能。计算与执行层对由通信传输层传输来的信息进行抽象化处理，并且通过预设规则和高层控制语义规范的判断生成执行控制命令，然后通过通信传输层将执行控制命令反馈至底层物理单元，最后由执行器根据命令进行相关操作[18]。通过大量不同种类的应用使CPS与各种相关行业专业应用结合，从而实现广泛化、智能化。

计算与执行层会从外界获取海量数据，该层在对海量数据进行智能处理的同时，需要对数据的安全和用户的隐私数据提供保障。由于应用种类各异，其相对应的安全需求也就多种多样，所以安全技术设计要遵循差异化服务的原则，提供具有定制化、有针对性的安全服务。在很多应用场景中，在系统认证过程的同时需要用户提交隐私信息。为了有效防止信息的非法访问和泄露，需要加强系统的访问控制策略，建立并加强在不同场景下的身份认证机制和加密机制，进一步加强网络取证能力[19]。另外，在不影响各个应用正常工作的同时，应为CPS建立起一个统一而高效的安全管理平台，保障信息安全。

参考文献

[1] 李杰. CPS新一代工业智能. 邱伯华，等译. 上海：上海交通大学出版社，2017.

[2] 中国电子技术标准化研究院. 信息物理系统标准化白皮书[R]. 北京：中国电子技术标准化研究院，2016.

[3] 刘彦文. 嵌入式系统原理及接口技术. 北京：清华大学出版社，2011.

[4] 彭蔓蔓，李浪，徐署华. 嵌入式系统导论. 北京：人民邮电出版社，2008.

[5] Edward Ashford Lee，Sanjit Arunkumar Seshia. 嵌入式系统导论：CPS方法 Introduction to embedded systems：a Cyber-Physical Systems approach. 李实英，贺蓉，李仁发，译. 北京：机械工业出版社，2012.

[6] 宋延昭. 嵌入式操作系统介绍及选型原则. 工业控制计算机，2005，18（7）：41-42.

[7] Wang S，Zhang X，Zhang Y，et al. A Survey on Mobile Edge Networks：Convergence of Computing，Caching and Communications. IEEE Access，2017，vol. 5：6757-6779.

[8] Shi W，Cao J，Zhang Q，et al. Edge Computing：Vision and Challenges. IEEE Internet of Things Journal，2016，vol. 3，no. 5：637-646.

[9] 张放. 雾计算开启万物互联新时代. 人民邮电，2017-04-20：6.

[10] 黄学文. 制造执行系统（MES）的研究和应用[D]. 大连：大连理工大学，2003.

[11] 陈明，梁乃明，等. 智能制造之路：数字化工厂. 北京：机械工业出版社，2017.

[12] 中国工程院，国家自然科学基金委. 大数据与制造流程知识自动化发展战略研究：研究报告，2016.

[13] 李中阳. 基于APS与MES集成的生产计划和排程研究[D]. 天津：天津大学，2005.

[14] 彭昆仑，彭伟，王东霞，等. 信息物理融合系统安全问题研究综述信息网络安全.

2016,（7）：20-28.

[15] 李钊，彭勇，谢丰，等. 信息物理系统安全威胁与措施. 清华大学学报（自然科学版），2012，52（10）：1482-1487.

[16] 李琳. 信息物理系统（CPS）安全技术研究. 自动化博览，2016,（7）：58-61.

[17] 肖红，程良伦，张荣跃，等. 智能制造信息物理系统安全研究. 信息安全研究，2017，3（8）：727-735.

[18] 张恒. 信息物理系统安全理论研究[D]. 杭州：浙江大学，2015.

[19] 陈功谱，曹向辉，孙长银. 信息物理系统安全问题研究进展. 南京信息工程大学学报（自然科学版），2017，9（4）：372-380.

第4章

智能制造中的工业互联网

4.1 智能制造中的数据传输难题与挑战

信息通信技术（Information and Communication Technology，ICT）已经向人类活动的各个领域全面渗透，并从根本上改变了人类的生产和生活方式。工业信息物理融合系统（Cyber-physical System，CPS）是计算和物理过程不断交互的系统，需要对数量庞大的智能设备现状进行实时数据采集和信息交互，通过网络化控制手段对物理设备进行必要的控制和干预。因此，需要高效的数据传输系统来支撑智能制造系统有条不紊地运转。

在本章中，首先介绍智能制造中数据传输系统的现状；然后针对智能制造中数据传输系统需要做的工作，分析和总结数据传输系统所具备的功能；最后根据数据传输系统的现状以及功能需求，归纳出智能制造中数据传输过程中可能遇到的难题与挑战。

4.1.1 数据传输系统的新发展

自 20 世纪 60 年代开始，控制室和现场仪表之间采用电气信号传输，电动组合仪表如控制器、显示仪表、记录仪等开始大量使用，工厂自动化控制体系初步形成。严格地说，电缆上的电气信号传输还不能称之为工业控制网络。

20 世纪 70 年代中期出现的集散控制系统（Distributed Control System，DCS），是控制体系结构的一次大变革，可以认为是第一代工业控制网络。在早期的 DCS 产品中，现场控制站间的通信是数字化的，数据通信标准 RS-232、RS-485 等被广泛应用，而现场控制站与仪表间的通信仍部分采用模拟信号。

20 世纪 80 年代后期出现了现场总线技术（FCS），将数字化、网络化推进到现场仪表层，替代模拟（4～20mA/DC 24V）信号，实现了控制系统整体的数字化与网络化。国际电工委员会（IEC）在 IEC 61158 标准中对现场总线的定义是：安装在制造或过程区域的现场装置与控制室内的自动控制装置之间的数字式、串行、多点通信的数据总线。国际电工委员会在 2000 年 1 月通过了 IEC 61158 国际标准，该标准包括 8 种类型的现场总线标准。现场总线的发展非常迅猛，但也暴露出许多不足，具体表现为：现有的现场总线标准过多，未能形成统一的标准；不同总线之间不能兼容，不能真正实现透明信息互访，无法实现信息的无缝集成；由于现场总线是专用实时通信网络，成本较高；另外现场总线的速度较低，支持的应用有限，不便于和 Internet 信息集成。

20 世纪 90 年代开始出现了工业以太网技术，指在工业环境的自动化控制及过程控制中应用以太网的相关组件及技术。工业以太网采用 TCP/IP，和 IEEE 802.3 标准兼容，但会加入各自特有的协议。为了突破现场总线控制系统发展中出现的标准过多、互不兼容、速率低、难以与其他系统进行信息集成的瓶颈，工业以太网技术能够适应企业管控一体化的要求，实现企业管理层、监控层和设备层的无缝连接，降低系统造价，提高系统性能。工业以太网技术直接应用于工业现场设备间的通信已成大势所趋。据美国权威调查机构 ARC（Automation Research Company）报告指出，Ethernet 不仅继续垄断商业计算机网络通信和工业控制系统的上层网络通信市场，也必将领导未来现场总线的发展，Ethernet 和 TCP/IP 将成为工业自动化控制系统的基础协议。

工业无线技术兴起于 21 世纪初，通过无线自组网实现传感器、控制器和执行器间的互联与数据传输，构成了工业传感/控制网。工业无线技术适合大规模组网应用，可以实现智能仪表的即插即用。目前，工业无线网络与测控系统已成为工业控制领域的新热点。随着用户对更高性能无线网络的迫切追求，无线接入技术也在频繁地更新换代，现有的无线通信环境将会出现多种无线接入技术并存发展的情况，从而建立了具有不同无线接入技术的异构通信网络。

传统的移动蜂窝网络已经经历了第四代移动通信技术，并且人们对于第五代移动通信技术研究也在如火如荼进行中。首先，第一代移动通信系统是模拟通信系统；其次，自第二代移动通信系统以来，都升级为数字通信系统，其中第二代移动通信系统是以 GSM、IS95 为代表，以及以 WCDMA、TD-SCDMA 和 CDMA2000 为代表的较高性能的第三代移动通信系统；第三，为了能够为用户提供更高传输速率，第四代移动通信标准已经面向全世界广泛商用，并且全球范围内的 4G 设备已经基本完成部署。可以预见，4G 移动通信系统无法满足用户对未来移动通信系统的需求。因此，为了支撑移动通信产业的快速发展，人们已经将目光移向到下一代移动通信系统——第五代移动通信系统的研究。

另一方面，以 IEEE802.11/a/g/b/n/ac 标准为代表的无线局域网，由于能够高速接入以及成本较低，已经得到了人们广泛认可并且加以应用。另外，超宽带、Zigbee、蓝牙、终端直通技术（Device to Device，D2D）等短距离无线通信技术，数字电视广播以及卫星通信技术等，都为人们提供更广泛的网络覆盖以及更快速的网络接入。因此，将会形成多种无线接入网络相互并存的异构网络，如图 4-1 所示。未来无线通信系统将不再是单一的无线接入技术独立存在，而是一个包含多种无线接入技术的异构网络。

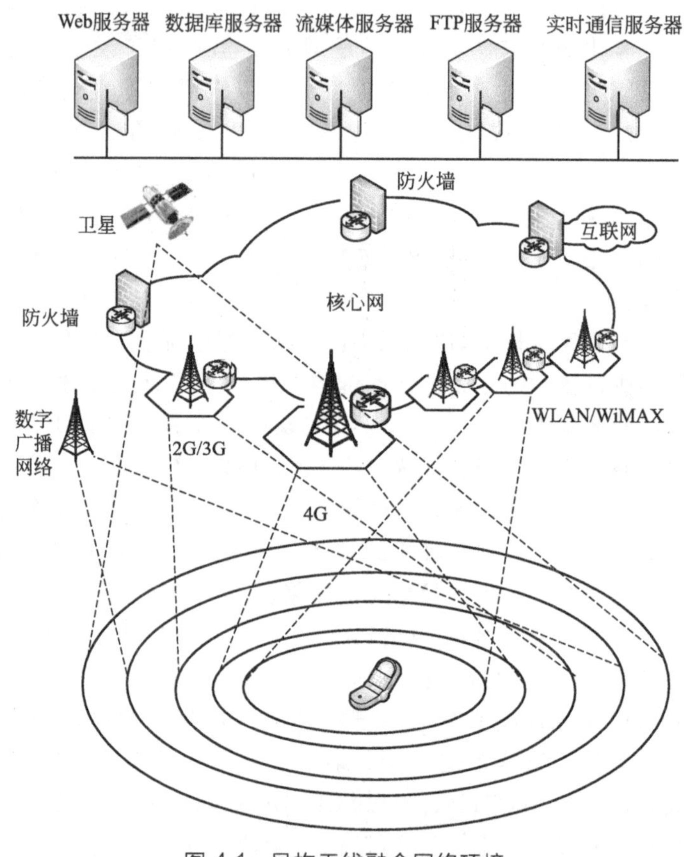

图 4-1 异构无线融合网络环境

4.1.2 数据传输系统的功能需求

进入 21 世纪以来，各国制造业均面临着严重的资源、能源和环境压力。从制造业本身来讲，迫切需要转型升级，向高效化、节约化、绿色化、智能化发展。另外，信息技术的飞速发展起到了推动作用：物联网丰富了海量数据获取的手段，云计算为海量数据的存储提供全新的介质，大数据分析使海量数据的高效分析成为可能，移动互联网真正实现了无处不在的计算。在制造业内在需求拉动和外在使能技术推动的双重作用下，国内外纷纷提出智能制造相关发展战略。

智能制造系统是由很多具有通信、计算和决策控制功能的设备组成的多维度开放式智能系统，支持建造国家甚至全球范围内的大型或者特大型物理设备联网，使物理设备具有计算、通信、精确控制、远程协调及自治功能，所有设备相互协作，使整个系统处于最佳状态。因此，工业互联网是整个智能制造系统的重要组成部分，支撑着整个系统的高速运转。工业互联网的基本特征是大规模、多样化、异质异构。工业互联网通过工业数据流的交互、软硬件之间的互联互通进行智能决策，达到智能制造的目的。为了实现工业数据流交互、智能设备的互联互通以及海量运行数据的获取，工业通信网络在工业互联网中扮演着极其重要的角色。对于工业互联网而言，“大规模”意味着工业互联网终端节点规模大、数量多、分布广；“多样化”意味着业务需求不同、业务种类多样；“异质异构”意味着多网并存，终端类型不一。这三个特点给工业互联网中大规模异质终端节点的高效互联带来了极大的挑战。

传统的工业互联网可支持的终端节点往往只有几个到数十个，当节点数量继续增加且呈现异质性时，有限的网络容量难以容纳节点的接入，使得节点之间存在复杂的干扰关系，系统的开销就会陡然增加从而导致系统性能急剧恶化。目前，已有的大规模网络是美国国防部先进计划研究局（DARPA）资助的下下一代网络（Wireless Network After Next，WNAN)，该网络首次实现了100个节点的组网，但是更大规模的组网目前还未出现。面对工业互联网的超大规模、超级异构、超高性能和超级安全等需求，工业无线网络在综合信道接入控制、存储与访问控制机制、网络资源优化与调配、动态拓扑覆盖控制、高性能的传输机制以及新型安全防护机理等方面都面临着严峻挑战[1,2]。与传统无线网络不同，工业无线网络需要在设计和应用时，充分考虑以下因素。

① 高可靠　工业无线网络应能够在恶劣的工业环境中保持稳定的数据传输能力，且能够适配不同的业务类型需求（例如，承载控制类业务的网络要求数据传输成功率为99.999%）。

② 广覆盖　未来工业无线网络应该保证在复杂工业环境下实现无缝连接、深度覆盖，确保信号的传输范围。

③ 超密集　为了实现所有设备的联网，充分挖掘海量数据的内在规

律，未来工业无线网络必须能够承载高密度接入、高动态变化。

④ 低时延　众多的工业无线应用要求时延小于100ms甚至更低（如控制类业务端到端时延毫秒级，时延抖动微级别），因而要求工业通信的承载网络具备足够低的时延。

⑤ 灵活性　在理想情况下，工业领域的无线系统应该能够简单地实现与有线系统相同的功能。因此，要求工业无线产品具备充分的可操作性和灵活性、安装部署方便，并支持与不同行业的各类工业应用系统的对接。

⑥ 安全性　工业领域的相当一部分应用涉及国防、军事等国家安全问题，因此无线系统的安全性变得十分重要，尤其当网络规模不断扩大时，认证、授权、接入控制等都需要特别考虑。

4.1.3 数据传输难题与挑战

工业网络高效互联需要完成两个核心功能，第一个核心功能就是工业网络自身的控制信息传输与交互需求，这是整个工业网络能否正常工作、运转的基础。第二个核心功能是业务数据的传输与交互需求，这是实现智能制造的前提。与传统的网络不同，工业网络环境更加复杂，业务质量需求更加严格。如依据实现功能的不同，工业网承载的数据业务类型主要有“控制类”“采集类”和“交互类”三种，不同的业务类型对应着不同的业务质量需求。

为了实现智能制造系统整体优化，在大数据和工业互联网的环境下，当前企业需要信息集中式管理，基于全局化的信息资源为整个系统优化决策提供支撑，同时制造物理过程以智能体的方式分布式运行，即智能制造系统需要满足信息集中管理、功能分布运行的需求。主要面临以下挑战。

（1）实现复杂工业环境下现场信息的实时、可靠、低功耗获取与高效融合

流程工业控制与监测对通信的确定性和实时性具有很高的要求。如用于现场设备要求延迟时间不大于10ms，用于运动控制不大于1ms，对于周期性的控制通信，使延迟时间的波动减至最小也是很重要的指标。此外，在流程工业应用场合，还必须保证通信的确定性，即安全关键和时间关键的周期性实时数据需要在特定的时间限内传输到目的节点。即使设备处于漫游状态也有此要求，否则会丧失实时性能。随着大量感知设备接入网络，各类感知数据信息数量庞大、信息容量巨大、信息关系

复杂，有许多问题需要解决。例如，如何对大量多源异构信息进行协同与融合；如何通过认知学习使信息之间以及信息与知识之间能够有效融合，更好地理解周围环境，估计事物发展态势；如何加快融合处理，降低时延，满足其时空敏感性和时效性；如何提高信息和资源的利用率，支持更有效的推理与决策，改善系统整体性能。

无线介质不像有线介质那样处在一种受保护的传输环境之下。在传输过程中，它常常会衰变、中断和发生各种各样的缺陷，诸如频散、多径时延、干扰、与频率有关的衰减、节点休眠、节点隐蔽和与安全有关的问题等。虽然这些影响无线传输质量的因素都可以通过在 ISO 通信 7 层模型的各层中采用适当机制加以克服或减轻，但是无线技术所固有的受发射功率、频带串扰、空间穿透性等限制而导致的错包、丢包、通信非确定等问题在目前还无法从技术上得到根本解决，而必须根据具体的应用现实环境，对各层所采用的机制进行组合优化，以求得最好的综合通信性能。

（2）多源异构、多尺度信息高效传输机制与动态优化

现有流程自动化系统可以按照纵向和横向分成多个子系统。这些系统独立运行，有限的设备网、总线网和工业以太网虽然实现了互联，但是仍存在大量信息孤岛，给跨领域、跨层次的信息集成共享带来困难。

工业环境下的有线/无线相结合的通信网络构建问题是未来 5～10 年的重点研究领域。通过针对特殊工业环境下的信息采集、传输、回传等机制探讨，结合下一代无线通信网络的飞速发展，解决特定场合下通信网络的部署运维问题。此外，结合大数据思想，分布式预处理传输机制研究也是未来的重点发展领域。需要结合数据挖掘思想对信息进行提取，传输更高层次的语义信息，使机器具有高度智能。

（3）建立 QoS 保障的系统自感知、自计算、自组织、自维护机制

工业现场控制网络中传送的数据信息，除了传统的各种测量数据、报警信号、组态监控和诊断测试信息以外，还有历史数据备份、工业摄像数据、工业音频视频数据等。这些信息对于实时性和通信带宽的要求各不相同，因此要求工业实时通信网络能够适应外部环境和各种信息的通信要求的不断变化，为紧要任务提供最低限度的性能保证（Guaranteed-Response，GR）服务，同时为非紧要任务提供尽力（Best-Effort，BE）服务，从而确保整个工业控制系统的性能。在实时性应用中，单个数据包必须不超过某个延时时间，如果包来得太迟，它就没有应用价值，典型的应用是工业现场中测量与控制信号的传送。在这种应用中，迟到

的包和丢失的包都会引起麻烦。

为此，应根据工业现场控制系统实时通信的要求和特点，制定相应的系统设计、流量控制、优先级控制、数据报重发控制机制等策略，以保证网络通信的实时通信质量需求（Quality of Service，QoS）。

（4）确保工业互联网中数据传输的安全、可信与可控

从本质上讲，任何网络均存在信息安全的问题，如黑客、服务拒绝、数据篡改、窃听等。除此之外，工业无线技术还有一些独特的安全威胁种类：一种叫 HELLO 泛洪法，这是一种较特殊的拒绝服务攻击，它通过利用无线传感器网络路由协议的缺陷，允许攻击者使用强信号和高能量让节点误认为网络有一个新的基站；另一种叫陷阱区，即攻击者能够让周围的节点改变数据传输路线，使其经过被俘获的节点或者陷阱，从而破坏数据的机密性和完整性。

4.2 工业互联网中的关键组网技术

4.2.1 无线中继技术

（1）无线中继技术的基本概念

1979 年，Cover T 等提出了经典的三节点中继模型，并且推导出中继链路的容量理论[3]，三节点中继模型如图 4-2 所示。它是由源节点、中继节点以及目的节点组成的。人们在此研究基础上展开了对无线中继技术深入的研究，在文献［4,5］中，作者扩展了无线中继技术的研究方向，首次提出了协作分集技术，通过多个用户之间的相互帮助，达到空间分集的效果，利用空间分集增益提升网络系统容量。

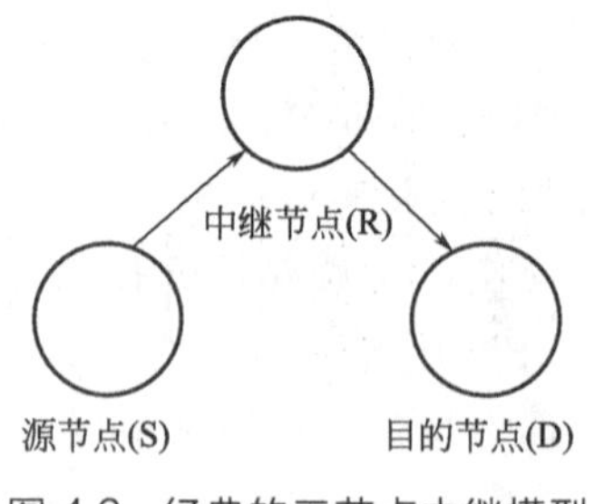

图 4-2 经典的三节点中继模型

近年来，业界开始关注全双工模式下的无线中继技术，以及中继技术与多天线相结合。对于全双工模式下的无线中继技术，中继节点在接收源节点传输数据，同时它利用相同的频谱资源向目的节点发送信号，这样可以提升无线资源的利用效率。另外，在无线中继系统中，中继节点可以采用多天线技术形成多天线中继系统，从而充分发挥中继技术和多天线技术的优势，进一步提升边缘用户的速率以及网络覆盖面积。

（2）无线中继技术的特点

无线中继技术已经应用于多种无线通信系统中，通过中继节点对传输信号放大或者译码转发，扩大信号覆盖面积，从而帮助超出传输范围的两个通信节点进行通信。下面将对无线中继技术的特点进行深入分析[6~9]。

① 扩大网络覆盖范围　当需要通信的两个通信节点相距较远时，由于路损、衰落等因素的影响，两个通信节点将无法完成数据传输，从而网络覆盖面积将会变小。对于传统的蜂窝网络，如果两个用户需要进行通信，那么需要基站中转将两个用户连接起来。但是如果用户与基站相距较远，用户或者基站无法收到对方的传输信号，这样终端用户将会处于网络覆盖盲区，它们将不能完成数据传输。另外，在传感器网络中，当两个通信节点相距较远时，也无法完成数据传输，这样限制了网络覆盖范围。而无线通信网络引入无线中继技术，可以利用中继节点的转发功能，降低路损和衰落等因素的影响，解决在网络覆盖密度相对较低的区域内处于盲区的终端用户无法完成正常通信的难题，从而扩大无线网络覆盖范围。

② 改善边缘用户体验　当用户处于网络边缘时，接收到来自基站或者中心节点的传输信号功率较小，但是受到其他网络的干扰功率相对较大，这样导致信号传输速率相对较小，从而达不到用户对服务质量的需求。在无线网络引入无线中继技术后，网络边缘用户不需要直接与中心节点或者基站进行相连，可以借助于中继节点的中转转发，与基站或者中心节点进行良好数据传输。

③ 增强网络负载均衡　对于传统的蜂窝网络，某一个小区连接数可能会比较大，使小区的业务量非常大，这样可能会导致网络负载严重不均衡。而当引入无线中继技术之后，负载较严重的小区边缘用户可以通过中继节点转发，连接到负载较轻的相邻小区基站，从而增强了整个网络的负载均衡。

④ 降低网络建设成本　在传统的蜂窝网络中引入无线中继技术，在系统网络中增加一定量的中继中转站。由于中继中转站不需要像基站那

样利用光缆与核心网相连，天线高度也比基站的天线高度低很多，减少了网络开销。

通过上述分析，无线中继技术能够很好地扩大覆盖面积，提升网络性能。但是在实际中，中继技术也会带来一些问题。比如加入中继节点之后，在它完成中继功能的同时，它对于其他节点是一个干扰源，对于整条中继链路的性能也会产生影响，如何有效地利用中继技术来提升网络性能是人们关注的焦点之一。另外，现在人们主要关注中继技术与其他技术的结合，比如同时采用同频全双工技术、Massive MIMO、D2D通信技术。

（3）无线中继技术的分类

基于以上技术特点，无线中继技术可从以下几方面进行分类。

① 转发信号模式[6] 根据中继节点转发信号的模式不同，可以分为译码转发模式（Decode and Forward，DF）和放大转发模式（Amplify and Forward，AF）。在AF模式下，当中继节点接收到发送节点传输的信号后，将其信号功率放大一定的倍数，其他不做任何处理，然后将信号转发给目的节点。在DF模式下，中继节点接收到传输信号后，首先将传输信号进行全部译码，检测接收信号是否正确，如果检测信号正确，那么按照预定的编码方式将信号重新编码，最后将信号转发给目的节点。AF模式相比DF模式处理过程比较简单，相应的处理时间较短，容易实现，缺点是当放大有用信号时，也放大了噪声。而DF模式通过译码再编码的方式，避免了噪声和信道对其信号的影响，然而相比于AF模式，其处理过程比较复杂，相应的处理时间较长，不易实现。

② 双工模式[10] 按照双工模式划分，中继可以分为半双工中继和全双工中继，如图4-3所示。半双工中继节点只允许在某段时间内发送或者接收信号，并且源节点到中继节点以及中继节点到目的节点利用不同的时隙或频谱来完成数据传输；而全双工中继节点允许利用相同的频谱在同一时间内既能接收信号又能发送信号。由此可见，利用全双工中继技术可以提升无线资源利用效率以及端到端传输性能。在理想情况下，相比于半双工模式的中继系统，全双工模式的中继系统的端到端速率能够提升一倍。但是，在全双工模式下的中继系统中，由于中继节点既要接收信号又要发送信号，这样将会引入自干扰，降低源节点到中继节点的接收信号与干扰加噪声比（signal to interference plus noise ratio），从而影响整个端到端链路性能。

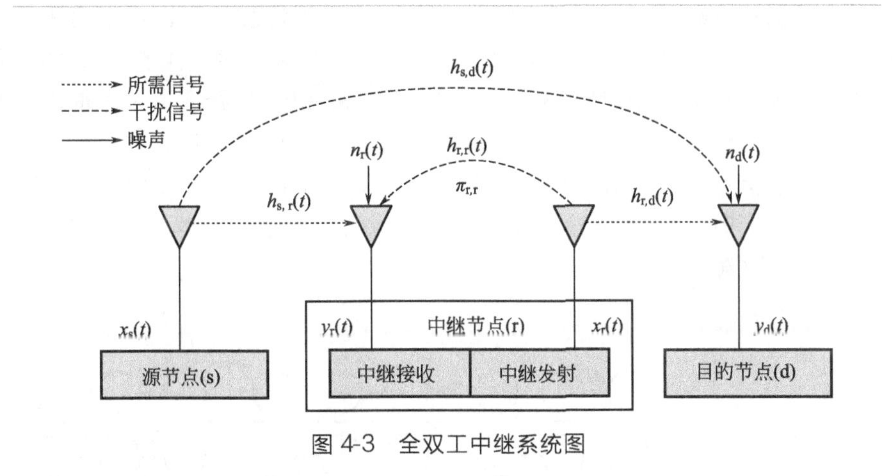

图 4-3 全双工中继系统图

对于全双工技术的应用，最主要的缺点是收发信机工作在全双工状态下的自干扰问题，自干扰无法完全消除。现阶段，人们已经在自干扰消除方面做了很多研究，并且取得了很多成果[11]。针对自干扰消除技术，形成了空域、模拟域和数字域联合消除的技术方案，并且实现了对于 20MHz 带宽信号自干扰消除能力在 115dB 以上。由于自干扰消除技术的快速发展，可以将自干扰消除到可控的范围内。因此，现在人们比较关注全双工技术在无线网络中的应用问题，并且全双工无线网络研究主要集中在全双工中继网络和全双工蜂窝网络研究。

③ 信息流传输方向[12] 根据信息流传输方向不同，可以分为单向中继和双向中继。在此，也是利用经典的三点中继系统进行介绍单向中继和双向中继。对于单向中继，传输方向是单向的，并且其双工模式为半双工，单向中继不能充分利用时隙资源，频谱利用效率较低。双向中继是两个源节点通过中继节点相互交换信息，它充分利用系统时隙资源提升整个系统的频谱资源。文献［32］介绍了三种不同的双向中继传输系统，如图 4-4 所示，其中 S_a 和 S_b 可以作为源节点也可以作为目的节点，并且在双向中继系统中，中继节点都工作在全双工模式下，源节点和目的节点不存在直接链路。

图 4-4(a) 利用四个时隙完成整个传输过程，其实这相当于两个单独的单向中继过程，但是整个过程需要占用四次信道，这样使时隙和频谱资源利用率低。图 4-4(b) 整个传输过程只需要三个时隙：在第一时隙中，源节点 S_a 将信息发送给中继节点 R，在第二个时隙中，源节点 S_b 将信息发送给中继节点 R，在第三个时隙中，中继节点 R 以广播形式同时向 S_a 和 S_b 发送信息，然后 S_a 和 S_b 根据已知信息作为参考信息，译

出对方源节点所发送的信息，这样相比于传统的双向中继方式，时隙和频谱资源利用率有所提高。图 4-4(c) 是利用两个时隙完成整个传输过程：在第一个时隙中，源节点 S_a 和 S_b 以多址接入方式同时向中继节点发送信息；在第二个时隙中，中继节点 R 以广播形式同时向 S_a 和 S_b 发送信息，然后 S_a 和 S_b 分别根据已知信息译出另一个源节点所发送的信息。图（c）的传输方式与图（a）、（b）相比进一步提升了时隙资源和频谱资源利用率。

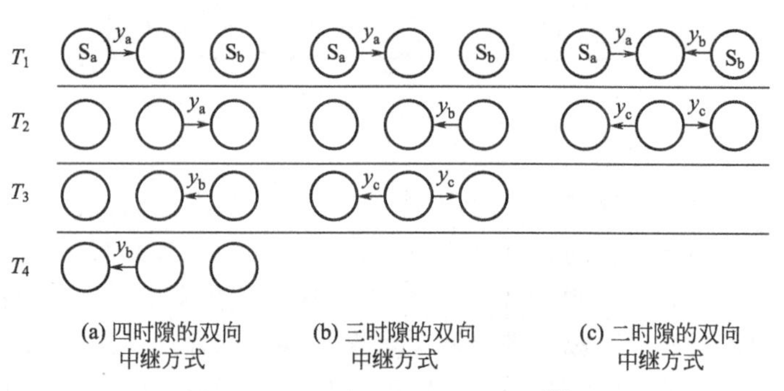

图 4-4 双向中继传输系统图[32]

④ 中继网络拓扑架构[13]　根据中继网络拓扑架构不同，可以分为单中继系统、多中继并行系统以及多中继串行系统。相对于单中继系统，多中继系统是由多个中继节点来帮助源节点和目的节点完成通信的，而多中继系统又可以分为多中继并行系统和多中继串行系统。多中继并行系统如图 4-5 所示，源节点与目的节点有多个中继节点可供选择，源节点选择其中一个中继节点与目的节点建立通信链路。

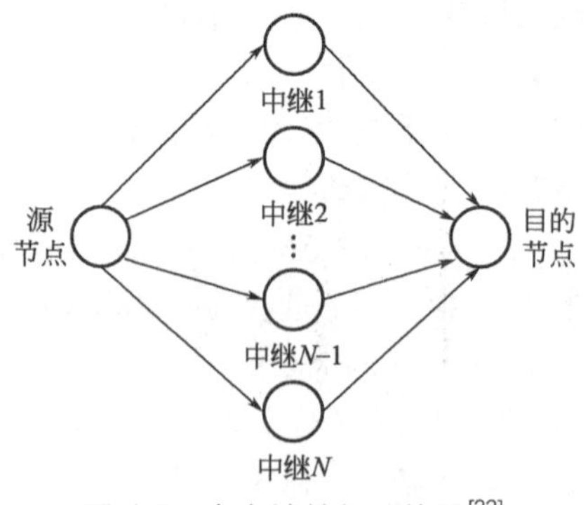

图 4-5 多中继并行系统图[33]

另一种多中继系统为多中继串行系统（图 4-6），在源节点与目的节点之间加入多个中继节点，源节点发送信号经过多个中继节点到达，将原有 SINR 比较差的单跳链路分解成多个 SINR 比较好的多跳中继链路，从而提高端到端链路性能。

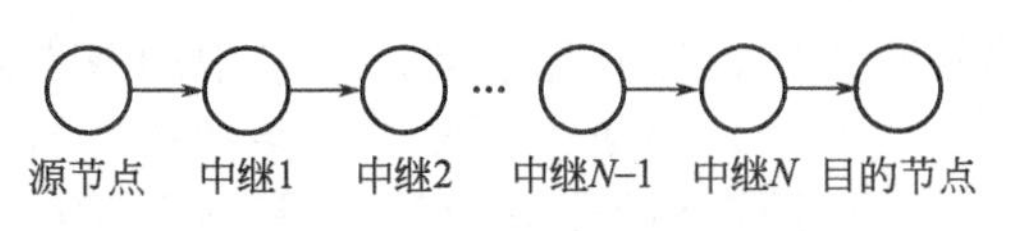

图 4-6　多中继串行系统图

（4）无线中继技术在智能制造中的应用

无线中继技术可应用于智能制造系统中，解决其数据传输系统的数据采集和无线传输等问题，具体主要体现在以下两个方面。

① 数据采集方面　在制造工厂中，存在物理数据、监测数据、管理数据和控制数据等信息，各种信息对传输和处理的需求各不相同，对于监测数据以及管理数据的获取，基本上都是通过大量的传输器节点采集的，然后根据获取的大量数据信息，动态地管理和调整智能制造系统的运转。但是，传感器节点发射功率较低，发射距离和覆盖范围有限，因此传感器节点之间采用多跳中继转发方式，将采集到的数据汇聚到中心节点，进而传输到管理中心，从而实现制造信息反馈和共享，完成整个生产过程的可视化监控以及智能管理。这样组网成本低，容易部署，节省能量。

② 数据传输方面　在智能制造系统中，数据传输系统可以分为无线工业本地网和无线工业广域网。对于无线工业本地网，结合工业本地信息/控制中心，能对某一个较小区域实现信息化和数字化，其关键是将工厂中的设备和系统状态传递到信息系统中，充分发挥感知、传输、存储、数据分析挖掘和优化控制等方面的优势。另外，无线工业广域网利用现有 3G、4G 网络或未来 5G 网络作为基础，实现广域互联，使各大地区数据能够汇聚到云平台主控制中心。但是在数据传输中，无线信道将会受到衰落和信道时变特性的影响，这样将会影响无线数据传输的可靠性，出现通信面积小的问题，使通信设备无法连接到网络中。这时，在数据传输过程中，就需要利用无线中继技术，提高数据传输可靠性、增加用户接入数量以及扩大网络覆盖面积。

4.2.2 自组织网络技术

4.2.2.1 自组织网络技术的基本概念

自组织网络由无线移动节点组成，是无中心、自组织和自愈的网络。该网络不需要任何中央基础设施的管理，网络中的节点可以随意加入或退出网络且不需要告知其他节点。网络中的节点既可以当作主机又可以当作路由器，它们互相协作，通过无线链路进行信息的交换。由于节点可以移动，所以网络的拓扑结构会时常发生变化。由于节点天线的覆盖范围有限，信息源节点存在无法与信息目的节点直接通信的可能性，因此需要一个或多个中间节点的帮助。

4.2.2.2 自组织网络技术中的 MAC 协议

媒体访问控制（MAC）协议决定节点在何时可以发送分组，且通常控制对物理层的访问。MAC 协议性能的好坏直接影响了信道利用率的高低，因此对自组织网络的性能起着非常重要的作用。下面将介绍自组织网络 MAC 的三个类型（图 4-7），这三种协议的区别在于各自的信道访问策略不同。

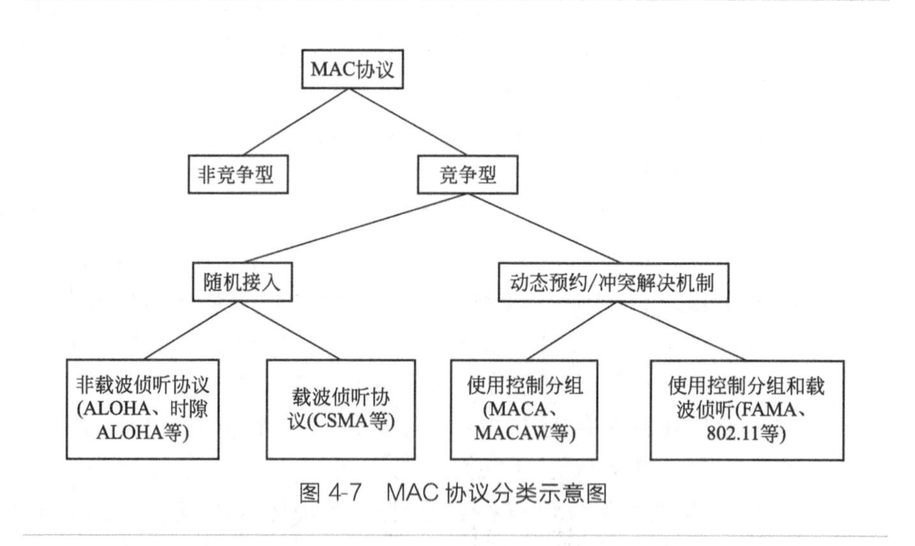

图 4-7 MAC 协议分类示意图

（1）竞争类

竞争类的协议是通过直接竞争决定信道的访问权，通过随机重传解决碰撞问题。它又分为两个子类，一类是随机接入机制，另一类是动态预约/冲突解决机制。

对于随机接入机制，所有节点都可以根据自己的意愿随机发送信息，从而获得动态带宽，这比较适合业务流量随机的自组织网络，但是用户想要发送信息时会立刻发送，而不考虑其他用户，这就容易引起多节点数据发送冲突的问题。

ALOHA 协议是随机接入机制中比较典型的协议。这个协议的主要特性是缺少对信道访问的控制，当节点有分组发送时允许节点立即发送，这导致了非常严重的碰撞问题，需要像自动重传请求这样的反馈机制保证分组的交付。同样，碰撞问题也会导致信道利用率非常低。由于这些问题，后来提出了时隙化 ALOHA 协议，它采取类似于 TDMA 的方式，通过全网同步将信道划分为等长时隙，且要求数据分组长度等于时隙长度。时隙化 ALOHA 协议强迫每个节点一直等到一个时隙开始才能发送其分组，这就缩短了分组易受碰撞的周期，从而使得信道利用率提高了一倍。在这之后，又提出了时隙化 ALOHA 协议的一个改进版本——持续参数 p 的时隙化 ALOHA 协议，这个持续参数的范围是 $0<p<1$。它表示一个节点在一个时隙内发送一分组的概率，减小持续参数 p，虽然可以减少碰撞次数，但是增大了时延。

载波侦听多址访问（CSMA）协议是随机接入机制中另一个典型协议。在采用 CSMA 协议的网络中，节点在发送分组前，先对周围信号强度进行检测，如果信号强度未超过设定的阈值，则认为信道空闲，可进行通信；如果信号强度超过了设定的阈值，就认为有其他节点正在进行通信，要退避等待，推迟对信道的访问。根据退避策略的不同，可将 CSMA 协议分为三种：非坚持、1-坚持和 p-坚持。在非坚持 CSMA 协议中，节点监听到信道繁忙就不再监听转而进行退避。在坚持 CSMA 协议中，1-坚持 CSMA 协议就是当节点监听到信道忙碌后仍然一直监听，信道空闲就立即发送分组；而 p-坚持 CSMA 协议则是非坚持 CSMA 协议和 1-坚持 CSMA 协议的折中，当节点监听到信道繁忙后以概率 p 继续监听信道，以概率（$1-p$）退避一段之间后重新检测。

动态预约/冲突解决机制是为了解决网络中隐藏终端的问题而提出的。多址接入冲突避免（MACA）协议采用了冲突避免机制并引入了握手机制。在发送数据之前，发送节点首先向目的节点发送一个 RTS 控制帧，这个帧中有数据报文的长度信息，当目的节点受到 RTS 帧后，马上向发送节点返回一个 CTS 控制帧。对于收到 RTS 帧的其他节点，要延迟一段时间后才能发送信号以保证发送节点能够正确接收到目的节点返回的 CTS 控制帧，延迟时间由 RTS 帧中数据报文的长度决定。当其他节点收到由目的节点返回的 CTS 帧时，也要实施退避算法延迟发送以避免冲突的产生。若发送节点收到了目的节点返回的 CTS 帧，就会进行数据传输，否则就会认为 RTS 因冲突而被破坏，这时发送节点就会进行二进制指数退避算法，过一段时间后重新发送 RTS 帧。

MACAW（MACA for Wireless）协议是 MACA 协议的改进。首先添加了链路层确认机制，采用 RTS-CTS-Data-ACK 握手机制，发送节点首先发送 RTS 帧，若未收到目的节点返回的 CTS 帧，则启动计时器，当计时器超时就重新发送 RTS 帧；对于接收节点，如果接收到 RTS 帧则返回 CTS 帧，如果正确收到 Data 则返回 ACK。其次对退避算法做了改进，对于退避计时器，在重发 RTS 帧时，如果收到 CTS 帧，退避计时器不变；如果收到 ACK，退避计时器按照乘法增加线性减少（MILD）算法减小；如果没收到任何回应，则按 MILD 算法增加。最后增添了两个新的控制分组（即 RRTS 和 DS），利用 DS 帧告知暴露终端延迟发送，当暴露终端接收到许多 RTS 帧而又不能回复时，由暴露终端发起 RRTS 通知邻节点竞争开始以提高节点的竞争效率。

IEEE 802.11 MAC 协议包括两种工作模式：集中协调功能（PCF）和分布式协调功能（DCF）。DCF 通过载波侦听多路访问/冲突避免（CSMA/CA）机制为异步数据传输提供了基于竞争的分布式信道访问方式；PCF 则是建立在 DCF 的基础之上的，也支持异步数据服务。利用轮询机制，PCF 可以为延迟受限服务提供集中式的和无竞争的信道访问方式且具有一定的 QoS 支持能力；另外为了避免冲突，PCF 需要一个协调器集中控制媒体访问。很显然，如果上述方式采用了集中控制，将不能应用于自组织网络当中。所以，如果自组织网络试图利用 IEEE 802.11 协议，就只能进行异步的数据服务。

（2）分配类

分配类 MAC 协议可以分为固定分配类协议和动态分配类协议两种。固定分配类协议是事先为每个节点分配一个固定的传输时隙，而动态分配类协议是按照需求分配时隙。

对于分配类 MAC 协议，有时分多址访问（TDMA）协议、五步预留协议（FPRP）、跳频预留多址访问（HRMA）协议等。这里只介绍 TDMA 协议，这个协议可以分为固定分配类 TDMA 和动态分配类 TD-

MA 两种。

固定分配类 TDMA 的传输时隙是事前分配好的，固定分配协议的传输时隙要根据网络整体参数来进行安排。典型的 TDMA 协议按照网络中的最大节点数量安排传输时隙，假设网络中有 N 个节点，那么 TDMA 协议使用的帧长度是 N 个时隙，每个节点都会被分配一个固定的时隙用于信息的传输。每帧中每个节点只能访问唯一的时隙，所以不会产生碰撞的问题。但系统的时延与帧长有关，所以对节点数多的网络劣势尤为凸显。

在自组织网络中，节点的自由移动会导致网络的拓扑结构发生变化，这样就很难预测网络的整体参数，也就无法使用固定分配类 TDMA 协议。基于上述现象，产生了只使用本地参数的分配协议，即动态分配类 TDMA 协议。本地参数只涉及指定网络内的有限范围，如一个参考节点的 3 跳范围内的节点数量。动态分配协议使用这些本地参数为节点确定分配传输时隙。由于本地参数是动态变化的，所以传输时隙的安排也就随之变化，从而适应网络的变化。

(3) 混合类

混合类 MAC 协议是竞争类 MAC 协议和分配类 MAC 协议的组合，是为了解决竞争类和分配类 MAC 协议在不同网络环境的应用中受限的问题，这类协议兼顾竞争类和分配类协议的特点，例如 PTDMA、混合 TDMA/CSMA、ADAPT、Z-MAC 等，其中应用广泛的为 PTDMA 和 TDMA/CSMA 协议（图 4-8）。

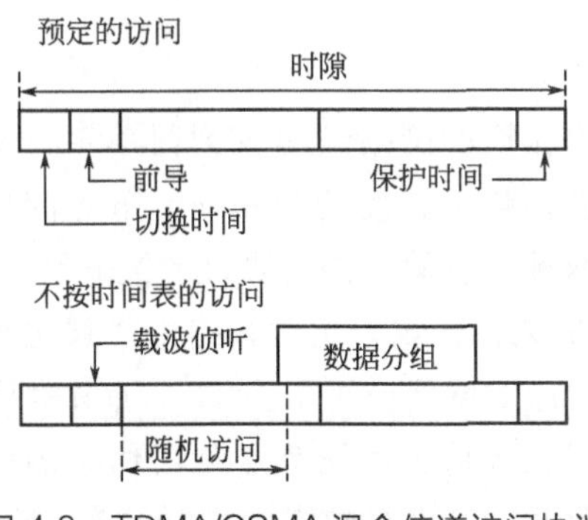

图 4-8 TDMA/CSMA 混合信道访问协议

TDMA/CSMA 混合协议永久地给每个网络节点分配一个固定的 TDMA 传输时隙安排，同时节点还可以通过基于 CSMA 的竞争来收回和

（或者）重新使用任何空闲时隙。节点可以在分得的时隙内立即访问信道，最大可以发送两个数据分组。

4.2.2.3 自组织网络技术中的路由协议

在自组织网络中，网络的拓扑结构是动态变化的，这个特性使得路由技术成为这种网络的关键技术之一。目前存在的路由协议大致分为如图 4-9 所示的两大类。

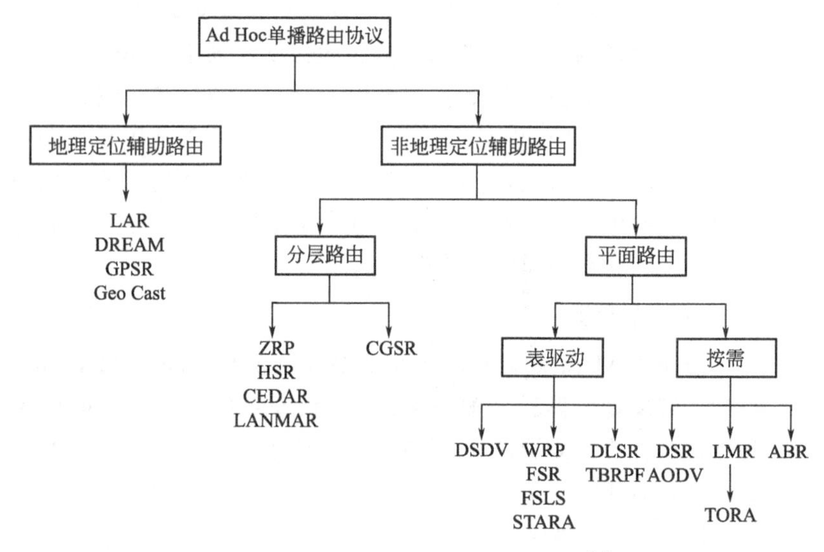

图 4-9 Ad Hoc 单播路由协议分类[14]

（1）平面路由

平面路由协议的网络结构较为简单。在平面路由网络中，节点都处于平等的地位，路由转发功能相同，节点间协同完成数据转发。平面路由协议分为两种：主动式路由协议和按需路由协议。

① 主动式路由协议　主动式路由协议也称作表驱动路由或者先应式路由。如果自组织网络应用了主动式路由协议，那么网络中的每个节点都将维护一张包含到达其他节点路由信息的路由表。当检测到网络拓扑结构发生变化时，节点在网络中发送更新消息，收到更新消息的节点将更新自己的路由表，以维护一致的、及时的、准确的路由信息，所以路由表可以准确地反映网络的拓扑结构。源节点一旦要发送报文，可以立即获得到达目的节点的路由。这种路由协议的时延较小，但是路由协议

的开销较大。这类路由协议包括目的序列距离向量协议（DSDV）[15]、最优化链路状态（OLSR）[16] 等。

DSDV 路由协议是一种无环距离向量路由协议，每个移动节点都需要维护一个路由表，路由表的表项包括目的节点、跳数、下一跳节点和目的节点号。其中目的节点号是由目的节点分配的，主要用于判别路由是否过时，并可防止路由环路的产生。每个节点必须周期性地与邻居节点交换路由信息，这种交换可以分为时间驱动和事件驱动两种类型。在节点发送分组时，将添加一个序号到分组中，节点从邻居节点收到新的信息，只使用序列号最高的记录信息，如果两个路由具有相同的序列号，那么将选择最优的路由（如跳数最小）。因为需要周期性的更新，且为了建立一个可用的路由，DSDV 需要较长的时间才能收敛，不适用于对时延要求高的业务。

OLSR 协议是经典链路状态算法的最优化版本，使用逐跳路由，也就是说每个节点使用本地信息为分组选择路由。这个协议中的主要概念是多点中继（MPR），MPR 是专门选定的节点，用于在泛洪过程中转发广播消息。OLSR 协议采用了三个优化技术：一是多点中继技术，在网络泛洪时只允许 MPR 节点转发广播消息；二是只允许选作 MPR 节点产生链路状态信息；三是 MPR 节点选择只报告自己与其选择器之间的链路状态。

② 按需路由协议　它是一种当节点需要发送数据包时才查找路由的路由算法。在这种路由协议中，网络中的节点不需要维护及时准确的路由信息，只有当向目的节点发送数据包时，源节点才在网络中发起路由发现过程，寻找相应的路由。与先验式路由协议相比，按需路由协议不需要周期性的路由信息广播，开销比较小，但是由于发包时要进行路由发现过程，因此引入了路径建立时延。AODV（On-Demand Distance Vector Routing）[17] 是典型的按需驱动路由协议。

AODV 协议是一个建立在 DSR 和 DSDV 上的按需路由协议，采用 DSDV 逐跳路由、顺序编号和路由维护阶段的周期更新机制。在协议中，当中间节点收到一个路由请求分组后，它能够通过反向学习来取得源节点的路径，目的节点最终收到这个路由请求分组后，可以根据这个路径恢复这个路由请求，在源节点和目的节点间建立了一条全双工路径。AODV 协议的特点在于它采用逐跳转发分组方式，同时加入了组播路由协议扩展，其主要缺点是依赖对称式链路，不支持非对称链路。

（2）分层路由

随着网络规模的增大，节点数量也不断增加，每个节点都要维护整个网络的拓扑信息是非常困难的，而分层路由能解决这个问题。在分层路由协议中，以簇为单位对所有节点进行层次划分，每个簇包含一个或多个簇头和网关节点。簇头用来维护簇内所有节点的信息，而网关节点则负责相邻簇之间的通信。也就是说，网关节点可以和多个簇头通信，即属于多个簇。但是，除了网关节点之外的簇内节点只能与簇头通信。簇内节点可以直接通信到簇头节点或者经过多跳连接到簇头节点。在一个分层结构的路由协议中，簇内和簇间可以选择使用不同的协议算法。分层路由协议中节点失效和拓扑的改变都很容易修复，只需要簇头节点来决定如何在簇内更新信息就可以。

分层路由协议有以下优点：由于网络被划分为不同的层次，每层维护本层的路由信息，层与层之间交互的信息很少，这样更适用于大规模网络；通过组合使用路由策略，能够解决主动式路由协议中过量的控制消息流量问题和按需路由协议中长时延的问题。分层路由协议也存在一定的缺点：由于簇头的特殊角色，所以簇头发生故障会对整个簇的通信产生影响。节点的位置是在不停变化的，簇的维护和管理比较复杂。

（3）地理位置信息辅助的路由

平面路由和分层路由都是非地理位置信息辅助的路由，这些协议中的节点都只知道自己的逻辑名称，节点要通过路由探测获取全网的拓扑结构以及节点之间的链接关系和链接特性，由此确定路由。地理位置路由协议假设源节点知道目的节点的位置信息，这一假设可以通过位置服务来实现，也就是说节点需要配备 GPS 等设备。地理位置路由协议的基本思想是：发送节点利用目的节点的位置信息来传递数据，位置信息代替节点的网络地址。网络中的节点不需要维护整个网络的拓扑信息，只需要维护邻近节点的位置信息即可，数据转发时选择离目的节点最近的节点作为下一跳，即尽可能地向目的节点靠近。

在地理位置路由协议中有三种主要的机制：单径、多径和洪泛。在单径路由机制中，数据包只有一个副本，按照唯一的路径传输。而洪泛机制则是广播数据包并产生大量的副本，在整个网络中传输。

位置辅助路由（LAR）协议是一种典型的利用源节点位置信息的路由协议。该协议通过 GPS 获取位置信息，通过位置信息控制路由查找范围，也就是通过限制路由发现的洪泛来减少控制报文的数量。地理位置路由协议能够降低控制开销，且更具扩展性和容错性。然而，即时的位置信息在使用时可能并不准确，因此协议设计时需要权衡好维持位置信息的实时性和控制开销之间的关系。

4.2.2.4 自组织网络技术在工业互联网中的应用

自组织网络起源于战场环境下分组无线网数据通信项目，是一种具有多跳传输、拓扑结构松散、可扩展性强和分布式自适应的自组织无线网络。

自组织网络能够提高数据传输的可靠性。在自组织网络中，节点具有报文转发能力，节点间的通信可能要经过多个中间节点的转发，即经过多跳，这是自组织网络与其他移动网络的最根本区别。因此，在工业环境中由于电磁环境复杂或是距离过远使得数据接收端和设备的直接通信出现问题时，可基于网络中的节点转发，提高设备上报本地数据到数据接收端的可靠性，使无线网络在工业领域中的应用得到更大发展。

自组织网络适合用于设备发生故障等紧急情况。自组织网络不依赖于固定的网络设施，特别适合无法或者不能预先铺设好网络设施的场合以及需要快速组网的场合。当工厂中某些通信网络的固定基础设施发生故障无法正常工作时，就会影响工厂工作的正常进行，而移动自组织网络这种不依靠基础设施的网络能够快速实现部署，无需基础设施。

自组织网络在工业生产过程中有两个典型的应用，一个是应用于连轧厂连续退火生产线炉辊轴承温度检测系统[18]，另一个是应用于油田采油生产信息无线监控系统[19]。

冶金行业重视设备状态监测技术的研究。在冷轧带钢厂，连续退火生产线（CAL）具有生产线长、设备密集和自动化程度高等特点，稳定可靠的设备运行状态是提高生产效率、改善产品质量的重要保障。CAL中有炉辊、风机等数百个重要辊轴，大部分用轴承支撑。对轴承状态的监测是保障生产长期、连续、稳定运行的重要手段[18]。与轴承寿命有直接关系的是轴承的温度，轴承发生故障时通常伴有温度的变化，因此通过监测轴承的温度变化来跟踪轴承的工作状态是一种比较有效的方法。并且温度变化通常具有一定的缓变性，便于分时处理，每次只需要采集几字节的数据，对传输带宽的要求不高。系统分为上位机和设备两个部分。设备通过模拟量直接采集温度传感器数据信息并进行处理，将数据信息发送给上位机。用户可以通过上位机界面查看设备的信息，及时跟踪和监控轴承的工作状态，并且可以对网络设备进行配置、发送命令等操作。

油田大多位于沼泽、沙漠、盆地、浅海等区域，交通通信等设施较为落后。油田的采油场中各种设施的工作状态及采出油品的数据（主要有温度、压力、示功图、电机参数等）直接关系到油田生产的稳定及原油质量。油井一般分散于方圆几十平方千米甚至上百平方千米的区域，需要每日定时检查设备运行情况并测量、统计采油数据[19]。油田采油生产信息无线监控系统是针对油田生产过程开发的采油井实时生产信息监控系统，由无线温度/压力仪表、一体化无线示功仪、电机参数无线监测仪等硬件仪表和油田采油生产系统管理软件组成，能够实现抽油井示功图监测、温压监测、电机状态监测及示功图量油、采油井故障报警、诊断等功能。工业无线网络用于油田现场数据采集，在井口获取数据（通常这些数据值的变化较缓慢），监控中心计算机通过无线远程获取这些数据进行分析、处理、诊断，并发出各种控制命令，从而实现各单井状态的集中监控，缩短了故障发现和排除周期。

4.2.2.5 自组织网络技术存在的挑战

（1）传统的无线问题

无线媒介既不是绝对的，也没有易于观测的边界线，超出分界线的节点接收不到网络分组。无线信道易受外部信号干扰，无线媒介相对于有线媒介是不可靠的。无线信道具有时变特性和非对称传播特性，可能出现隐含终端和显现终端现象。

（2）带宽有限

不同于有线信道，无线带宽是一种非常宝贵的资源。由于无线信道自身的局限性，无线信道能提供的网络带宽相对于有线信道低很多。无线信道易受周围环境的影响而表现出不稳定的现象，开放空间所引起的其他信号与噪声的干扰以及无线接入时不可避免的竞争，这些原因都使得无线信道的质量大大降低。此外，如果一旦在有线网络中建立了通信，往往都是双向的。而对于无线网络，由于受节点发射功率或者地形限制等因素的影响，很可能是单向无线信道。

（3）能源供应有限

由于自组织网络中节点的可移动性，就注定大多数的设备都是小型装置，其电池供电能力极其有限。分组转发的功耗很大，这就对移动节点将自己作为中间转发节点起了限制作用。但是转发节点又是必需的，如果没有转发节点，自组织网络就无法正常工作。通过改变发射功率可以控制电池的消耗，使用较小的发送功率会引起多跳的问题，但可以节省能量。

(4) 存储和计算能力有限

自组织网络中的节点设备都是提价比较小的便携式终端，这类设备的 CPU 和存储容量都很有限，所以在设计自组织网络的协议时，要尽可能简单高效。

(5) 网络安全问题

无线媒介使得自组织网络在面对从窃听到主动干扰范围内的许多攻击显得非常脆弱。自组织网络的节点是自治的，能够独立地随机移动，这就使自己变成了比较容易被捕捉的目标。由分布式决策、缺乏集中式基础设施、缺乏集中式安全证书权威机构造成的安全问题可能是最严重的威胁。总之，自组织网络中的信息能够在用户完全不知情的情况下被偷听、被篡改，网络服务也很容易被拒绝，所发送的信息可能会通过很多不可靠的节点。由于自组织网络的协议是整个网络中节点相互协作共同完成的，所以整个自组织网络也会很脆弱。

4.2.3 实时定位技术

4.2.3.1 实时定位技术的基本概念

随着科技的发展、工业生产的需求，定位技术在工业互联网中的重要性与日俱增，逐渐演变为一大关键技术。目前较为广泛的定位技术应用有建筑工地上定位工人和设备、停车场里定位车辆、医院中定位人员位置、物流系统中的货物定位等。定位技术可以分为室内定位技术和室外定位技术，工业生产中主要应用的是室内定位技术[20]。由于室内四周墙壁的阻挡，信号衰减较大，且物品杂多，因此室内定位相对室外定位较为困难。室内定位技术一般采用状态估计的方法。状态估计器又称为随机滤波器，可以通过测量系统的噪声得出状态变量的估计值。使用较多的是卡尔曼滤波器，尤其是针对高斯噪声的线性系统效果最佳。而室内定位问题是较为典型的非线性状态空间模型，因此一般使用像扩展的卡尔曼滤波器和粒子滤波器等非线性滤波器。粒子滤波器又称为蒙特卡洛定位，由于其在非线性环境下的绝佳性能和解决无初始位置信息的全局定位问题的能力得到了广泛应用[21]。而扩展的卡尔曼滤波器需要已知初始位置信息，且只能解决局部定位问题[22]。粒子滤波器会导致样本多样性的损失。在通常情况下，当粒子数量较少时容易产生样本贫化现象。针对于此类问题，对粒子滤波器进行了改进，得到了类似于正则化粒子滤波器、马尔科夫链蒙特卡洛定位、卡尔曼滤波技术和粒子滤波技术相结合的算法等优化算法。但是这些优化算法并不能完全解决样本贫化问题。虽然到目前为止，已经提出了很多改进粒子滤波的方法，但是有效完全解决问题的方法并没有出现。

近年来，基于WSN的实时定位系统受到研究人员的广泛关注。实时定位系统（Real-Time Locating System，RTLS）是一种基于WiFi、ZigBee等无线通信信号的定位手段，基本分为被动式定位和主动式定位。实时定位系统中计算目标位置的定位算法一般有接收信号强度指示（RSSI）、到达时间差算法（TDOA）、近场电磁测距算法（NFER）、到达角度算法（AoA）等。实时定位系统主要包含标签、固定/手持式读写器和定位平台系统。其中，标签一般通过各种方式附着在定位的物体上，标签中包含着物体的唯一编号（主动式标签采用定时发射信号的方式，被动式标签则需要由读写器进行读取）。固定/手持式读写器用于读取并定位信号覆盖范围内的标签，并把读取到的信号上传至定位服务平台，定位平台通过特定的定位算法对获取的信号进行处理，得到该物体的位置信息。定位平台系统作为上层应用系统，用于对读写器传来的信息进行处理，计算得到物体的位置信息，以供各个客户端下一步使用。实时定位技术一般多用于室内定位，常见的室内定位系统包括以下几种。

（1）超声波定位技术

超声波定位技术大多采用反射式测距法，主要通过超声波的反射进行测量得到目标到多点的距离（结合三角形等几何方法计算得到物体位置）。信号源发射出特定频率的超声波，同时接收目标发射出反射波，根据发射波和发射波的时间差得到发射机到目标的距离。超声波定位原理和系统结构都比较简单，且定位的距离可以精确到厘米。但同时，由于超声波信号在传输过程中的衰减比较明显，一般适合在较小的区域进行定位，且在应用过程中对超声波的衰减需要用一定方案进行克服。超声波对外界光线和电磁波不敏感，可用于黑暗、电磁波干扰强等恶劣环境下，因此在测距和定位中得到了广泛应用。

（2）红外室内定位技术

红外室内定位技术的基本原理是通过室内固定的光学传感器接收红外线IR标识发射的红外射线进行定位。红外定位技术比超声波的定位精度更高，但是由于红外线不能穿过障碍物，容易受到灯光干扰，传输距离短，因此有时候定位效果很差，在定位技术的应用中有着很大的局限性。

(3) 超宽带定位技术

超宽带技术是一种较为新颖的通信技术，不需要传统通信体制的载波，通过发送和接收纳秒或纳秒以下的极窄脉冲来传输数据，因此可以获得很高的带宽。与传统窄带系统相比，超宽带系统穿透力强、功耗低、抗多径效果好、安全性高、系统复杂度低、定位精度高。

(4) 射频定位技术

射频定位技术就是利用射频方式进行非接触式双向通信交换数据以达到定位目的。这种技术传输距离短、范围大、成本低、定位速度快，而且标识的体积小、造价低，是一种很有前景的定位技术。目前，射频定位的难点在于用户安全隐私、国际标准化、理论模型的建立。

实时定位系统可以通过对生产对象的实时追踪和定位有效地实现生产对象的精细化管理，提高生产效率和管理能力。针对室内实时定位系统，如果采用粒子滤波技术改善定位的精度，那么如何降低计算复杂度将是个难题。如果为了满足实时的要求而降低样本数量，则有可能导致样本贫化现象。另外，由精确的无线传感器网络产生的低测量噪声也会造成样品贫化现象。在基于粒子滤波的实时定位系统中，这些必要条件必须严格满足才能实现可靠的定位。

4.2.3.2 实时定位技术中的测距技术

(1) 接收信号强度指示 RSSI[23,24]

RSSI 技术的核心在于通过计算接收端接收到的信号强度计算信号源的位置，将信号在空间传播的损耗转化为对应的距离信息。一般来说，对于无线传输，接收端接收到的信号强度会随着和信号源之前的距离增大而减小，如果能够建立起信道模型，就能根据接收到的信号强度映射出两者之间的距离。RSSI 的实现简单，对硬件的要求较低，因此应用较为广泛。一般在使用过程中都会进行多次测量取平均值，避免环境瞬时变化的影响，而且有很多在不同环境下采用的修正模型。但是由于 RSSI 模型过于依赖环境参数，因此在距离较远、环境较差的情况下，这种算法就很难满足要求。

(2) 到达时间差算法 TDOA[25,26]

TDOA 算法是对于信号传播时间算法 TOA 的改进。TOA 算法的基本思想是，在信号传播速度已知的情况下，如果已知信号从信号源到接收端的时间，就可以直接得到信号源与接收端的距离。如果基于两个接收端，就可以根据两个圆形区域大致得到目标位置；如果基于三个接收端，就可以更加精确地得到目标位置。但是由于TOA对于时间测量的精确度和时钟的同步要求太高，而信号的传播速度一般非常快，因此该方法有很大的局限性，很难广泛应用。和TOA算法不同的是，TDOA算法采用的是时间差的方式来确定目标位置，而不是直接利用信号到达的绝对时间，因此降低了时间同步的要求。主要方法是利用三个或三个以上已知位置的接收端接收信号，计算任意两个接收端之间的时间差，绘制多条双曲线，交点位置即为目标位置。TDOA的研究源于20世纪60年代，目前已经得到广泛使用，成为定位技术的主要技术手段。

（3）近场电磁测距算法[27]

近场电磁测距是利用电磁场的电场分量和磁场分量在近场区的相位特性实现的。在近场区中，电磁波电场分量和磁场分量的相位不一致，而且与距离有着一定的关系，近场电磁测距算法就是通过这样的联系计算距离的。

小电流环的电场分量和磁场分量的相位表达式分别为

$$\phi_E=\frac{180}{\pi}\left[\operatorname{arccot}\left(-\frac{\omega r}{c}\right)-\frac{\omega r}{c}\right]$$

$$\phi_{H_\theta}=\frac{180}{\pi}\left[\operatorname{arccot}\left(\frac{c}{\omega r}-\frac{\omega r}{c}\right)-\frac{\omega r}{c}\right]$$

式中，c 为光速；r 为距离。

在距离为0时，电场分量和磁场分量的相位相差90°；而随着距离的增加，两者相位差会逐渐减小，到了远场区时两者的相位差为0。因此，可以利用电场分量和磁场分量在近场区的相位差求得距离，达到测距的目的。这种方法的测距范围与电磁信号的波长有关，可用距离为$0.05\lambda \sim 0.5\lambda$。因此，随着信号频率的增大，测距范围会逐渐减小。以上的分析基于完全理想化的环境，实际应用中的距离和效果绝对会略差。

（4）卡尔曼滤波器[28]

卡尔曼滤波器是一种高效率的递归滤波器（自回归滤波器），它能够从一系列的不完全或包含噪声的测量中估计动态系统的状态。这种滤波方法以它的发明者鲁道夫.E.卡尔曼（Rudolph E. Kalman）命名。之后，斯坦利·施密特（Stanley Schmidt）首次实现了卡尔曼滤波器。

目前，卡尔曼滤波器经过不断改进，在很多场合得到了应用，较为知名的有施密特扩展滤波器、信息滤波器以及平方根滤波器等。锁相环技术就是最为常见的一种卡尔曼滤波器，它在收音机、计算机和几乎任何视频或通信设备中都能见到。卡尔曼滤波器的一个典型实例是从一组有限的、包含噪声的、对物体位置的观察序列（可能有偏差）中预测出物体位置的坐标及速度，目前被使用在很多工程应用（如雷达、电脑视觉）中。同时，卡尔曼滤波器也是控制理论以及控制系统工程中的一个重要课题。因此，下面着重介绍一下卡尔曼滤波器的原理。

卡尔曼滤波器建立在线性代数和隐马尔可夫模型（hidden Markov model）上。其基本动态系统可以用一个马尔可夫链表示，该马尔可夫链是建立在一个带有高斯噪声的线性算子上的。为了从一系列有噪声的观察数据中估计出被观察过程的内部状态，我们首先建立卡尔曼滤波模型（图 4-10）。卡尔曼滤波模型从 $k-1$ 时刻到 k 时刻的状态转移过程表示如下：

$$\boldsymbol{x}_k=\boldsymbol{F}_k\boldsymbol{x}_{k-1}+\boldsymbol{B}_k\boldsymbol{u}_k+\boldsymbol{w}_k$$

式中，$\boldsymbol{x}_k$ 是 k 时刻真实状态模型；$\boldsymbol{u}_k$ 是 k 时刻控制器向量；$\boldsymbol{F}_k$ 是从上一个时刻状态变换到当前时刻的状态变换模型；$\boldsymbol{B}_k$ 是作用在控制器；$\boldsymbol{w}_k$ 是过程噪声［假定其为均值为零，协方差矩阵为 $\boldsymbol{Q}_k$ 的多元正态分布，即 $\boldsymbol{w}_k \sim N(0, \boldsymbol{Q}_k)$］。

在时刻 k，对于真实状态的测量值 $\boldsymbol{z}_k$ 满足下式：

$$\boldsymbol{z}_k=\boldsymbol{H}_k\boldsymbol{x}_k+\boldsymbol{v}_k$$

式中，$\boldsymbol{H}_k$ 是观测模型，将真实状态量映射为观测量；$\boldsymbol{v}_k$ 为观测噪声，服从均值为零、协方差矩阵为 $\boldsymbol{R}_k$ 的正态分布，即 $\boldsymbol{v}_k \sim N(0, \boldsymbol{R}_k)$。

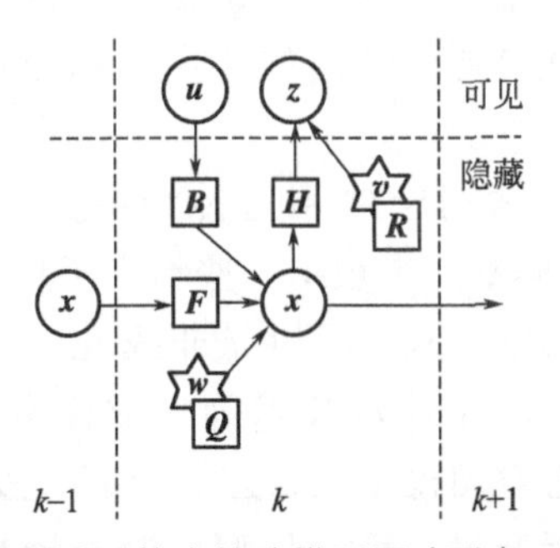

图 4-10 卡尔曼滤波器状态转移模型图（图中，圆圈代表向量，方块代表矩阵，星形代表高斯噪声并标出了协方差矩阵）

卡尔曼滤波器采用一种递归方式，通过上一时刻状态的估计值和当前状态的观测值计算出当前状态的估计值。它与大多数滤波器的不同之处在于，它本身不涉及频域转换，纯粹在时域实现，而不是在频域设计再转换到时域。卡尔曼滤波器的操作过程分为两个阶段：预测和更新。

在预测阶段，滤波器使用上一状态的估计，对当前状态做出估计。公式如下：

$$\hat{x}_{k|k-1}=\boldsymbol{F}_k\hat{x}_{k-1|k-1}+\boldsymbol{B}_k\boldsymbol{u}_k$$

$$\boldsymbol{P}_{k|k-1}=\mathrm{cov}(\boldsymbol{x}_k-\hat{x}_{k|k-1})=\boldsymbol{F}_k\boldsymbol{P}_{k-1|k-1}\boldsymbol{F}_k^T+\boldsymbol{Q}_k$$

式中，$\hat{x}_{k|k-1}$ 表示在时刻 m 对时刻 k 状态的估计。$\boldsymbol{P}_{k|m}$ 为后验估计误差协方差矩阵，用以度量对应估计值的精确程度。

在更新阶段，滤波器利用当前状态的观测值对预测阶段得到的估计值进行优化，得到一个更精确的新估计值。公式如下：

$$\hat{x}_{k|k}=\hat{x}_{k|k-1}+\boldsymbol{K}_k\tilde{y}_k$$

$$\boldsymbol{P}_{k|k}=\mathrm{cov}(\boldsymbol{x}_k-\hat{x}_{k|k})=(I-\boldsymbol{K}_k\boldsymbol{H}_k)\boldsymbol{P}_{k|k-1}$$

其中

$$\boldsymbol{K}_k=\boldsymbol{P}_{k|k-1}\boldsymbol{H}_k^T\boldsymbol{S}_k^{-1}$$

$$\boldsymbol{S}_k=\mathrm{cov}(\tilde{y}_k)=\boldsymbol{H}_k\boldsymbol{P}_{k|k-1}\boldsymbol{H}_k^T+\boldsymbol{R}_k$$

$$\tilde{y}_k=\boldsymbol{z}_k-\boldsymbol{H}_k\hat{x}_{k|k-1}$$

实际的定位问题一般是非线性的，因此一般使用像扩展的卡尔曼滤波器这样的改进后的卡尔曼滤波模型。

（5）粒子滤波器[29]

粒子滤波器（又名连续蒙特卡洛方法）是一组遗传型粒子蒙特卡罗方法，用于解决信号处理和贝叶斯统计推断中出现的滤波问题。该滤波问题是用动态系统的局部观测值估计其内部状态，同时还存在一些随机扰动。基本方法是通过给出的噪声和部分观察值计算一些马尔可夫过程状态的条件概率。

颗粒过滤方法通常使用遗传型突变选择抽样方法，使用一组粒子（也称为个体或样本）来表示一些给定了噪声和部分观察值的随机过程的后验分布。状态空间模型可以是非线性的，并且初始状态和噪声分布可以是任意形式。粒子滤波技术为生成样本提供了一个比较完善的方法，而不需要对状态空间模型或状态分布有所假设。

粒子滤波器通过使用遗传型突变选择粒子算法直接实现滤波方程的预测更新过渡。来自分布的样品由一组颗粒表示，每个粒子具有分配给它的似然权重，表示从概率密度函数中采样粒子的概率。下面将介绍粒子滤波器的具体数学模型和工作原理。粒子滤波器的目标定位过程一般分为初始化粒子集、重要性采样和重采样三个阶段。

① 初始化粒子集　对定位目标进行标定、采样，得到 N 个粒子集合 $\{x_0^i \mid i=1\cdots N\}$，通过采集到的粒子集得到目标的特征向量 $\boldsymbol{I}_0$。

② 重要性采样　要对下一时刻的目标预测，首先要得到目标有可能存在的区域的采样值，然后和目标的特征向量进行对比，计算相似度。一般采样方法有两种：全局均匀采样、上一时刻周围按照高斯分布采样。由于第一种采样方法大大增加了计算量，所以一般采用第二种采样方法。即在上一时刻位置周围按照高斯分布撒一定数量的粒子，并得到每个粒子位置的特征向量 $\boldsymbol{I}_k^n$（k 表示第 k 时刻，n 表示第 n 个粒子）。将每个粒子的特征向量 $\boldsymbol{I}_k^n$ 与目标的特征向量 $\boldsymbol{I}_0$ 进行对比，求相似度，并进行归一化，使得所有粒子的相似度之和为 1（即 $\sum w_k^n=1$），则预测得到的目标位置为 $\sum w_k^n x_k^n$。

③ 重采样　为了减少权值较小的粒子的影响，需要进行重采样。其基本思想为去掉一些权值较小的粒子，复制权值较大的粒子，使粒子数目基本和权值相当，使得粒子的权值方差较小。最终预测得到的位置为 $\hat{x}_{k+1}=\sum x_k^n$。

粒子滤波技术在非线性、非高斯系统表现出来的优越性，决定了它的应用范围非常广泛。然而，粒子滤波技术仍然存在一些问题。比如，粒子滤波技术需要大量样本才能很好地近似系统的后验概率密度。环境越复杂，描述后验概率分布所需要的样本数量就越多，算法的复杂度就越高。因此，如何能够有效地减少样本数量是目前该算法的研究重点。此外，重采样阶段会造成样本有效性和多样性的损失，导致样本贫化现象。如何保持粒子的有效性和多样性，克服样本贫化，也是该算法研究重点。

4.2.3.3 实时定位技术在工业互联网中的应用

大多数的工业无线传感器网络产品发展已经较为成熟，系统级的无线传感器网络产品必须包含有数据转发网关、现场无线传感器和具有监控功能的主计算机等在内的完整设备，以尽可能地解决工业环境中可能产生的各类问题。工业无线传感器网络产品的优点是投入成本低、监控范围大、节点布设灵活，同时还可支持移动式监测，目前主要应用于智能电力、工业监控、矿山安全、医疗健康、环境监测等领域。

目前已经有很多公司能够通过高精度的实时定位系统对生产线上的物料、零件等进行精准跟踪定位，实时记录物品生产质量数据，并对停滞不前等异常状况进行主动报警。使用快速定位库存技术，降低配货时间，实现智能化仓储；对工人运动路线、产品生产线进行监控分析，发现生产效率瓶颈，优化行动路线，进一步提高生产效率，提高生产收益；在生产线上，可以通过精准定位物品的位置进行生产监控，若出现问题可以快速定位目标区域，大大节省人力、物力、时间等成本，提高生产效率；在仓库、商场等位置可以通过定位商品位置，快速实现商品入库、出库登记，以及防止商品丢失。

室内定位技术还可以为消费者带来更便利的消费方式。室内定位技术可以进行导购服务以及支持快捷支付功能，改善消费者购物体验。同时，室内定位技术还可以为餐饮行业提供自助寻座、点餐等服务，大大节省了消费者时间，为商家带来更多收益。此外，通过室内定位技术还可以对人流量和人员分布情况进行分析和监控，分析客户的消费行为，进一步挖掘潜在商业价值。

4.2.3.4 实时定位技术中存在的挑战

虽然近年来定位技术得到了广泛应用，但是依然有很多问题需要解决。如何进一步提高定位精度、如何降低定位成本，是一直以来都在研究的问题。而且和室外定位技术相比，室内定位技术要求的精度和准确性更高。并且，室内环境一般较室外环境更加复杂、多径效应显著、非视距传输频繁，导致室内定位技术一直是定位、导航中的难题，也是目前定位技术的研究热点。同时，室内定位技术的广域覆盖问题也是目前的研究难点。虽然蜂窝网技术可以实现室内广域覆盖，但是定位精度太低，而其他定位技术无法提供广域覆盖。因此，设计兼容目前蜂窝网的高精度定位技术，或者扩大高精度室内定位技术的覆盖范围，成为目前研究的主要问题。目前，超宽带定位技术精度可以达到厘米级，但是它的使用成本较 WiFi 定位、ZigBee 定位等技术略高，而 WiFi 定位、ZigBee 定位等技术虽然成本较低，但是定位精度略低。常见室内定位技术比较如表 4-1 所示。

表 4-1 常见室内定位技术比较

室内定位技术	定位精度/m	覆盖范围/m	成本	复杂度
图像	10^{-6}～10^{-1}	1～10	高	高
蓝牙	2－3	1～15	低	低
红外线	10^{-2}～1	1～5	中	低
射频技术	10^{-2}～1	1～15	低	中

续表

室内定位技术	定位精度/m	覆盖范围/m	成本	复杂度
WiFi	3～40	20～50	低	中
ZigBee	1～10	1～75	低	中
超宽带技术	10^{-1}～1	1～10	高	高
蜂窝网	3～300	(1～3)×10^4	低	低
伪卫星	10^{-2}～10	(1～5)×10^4	高	中
超声波	10^{-2}～10^{-1}	2～10	中	低

多种定位技术的融合成为定位技术的发展趋势。室内定位技术种类繁多，且各有优缺点。由于在不同的环境下需求不同，为了满足各种需求，很多解决方案都采用多种定位技术相结合的方式来改善单一定位技术。在工业应用领域中，主要使用RFID/蓝牙/WiFi/超宽带相结合的混合技术；在个人消费领域中，主要使用WiFi/BLE/IMU相结合的混合解决方案。

当目标在室内和室外之间进行过渡时，如何有效地进行室内外定位的无缝切换也是一个技术难题。

4.2.4 传感器网络

4.2.4.1 传感器网络的基本概念

无线传感器网络就是由部署在监测区域内大量的微型传感器节点通过无线通信形成的一个多跳的自组织网络系统。其目的是协作地感知、采集和处理网络覆盖区域里被监测对象的信息，并发送给观察者[30]。

整个网络一般由监测区域内的传感器节点、汇聚节点、Internet和控制台组成。大量传感器节点随机分布在一定范围的目标区域内，按照具体需求采集区域内的数据参数，并采用单跳或者多跳的通信方式将采集到的数据发送给汇聚节点（Sink），然后经过与控制台连接的Internet和卫星，用户在控制台等终端即可查找数据或者下达“指令”给网络中的各节点。无线传感器网络结构如图4-11所示。

在无线传感器网络中，所有节点的地位平等，节点间通过分布式算法来协调彼此的行为，节点可以随时加入或离开网络，任何节点的故障不会影响整个网络的运行。节点具有移动能力，可以在工作和睡眠状态之间切换，并随时可能由于各种原因发生故障而失效，或者有新的节点加入到网络，所以网络拓扑结构随时发生变化。因受节点发送功率的限制，节点覆盖范围有限，信息需要通过中间节点的转发，即多跳。

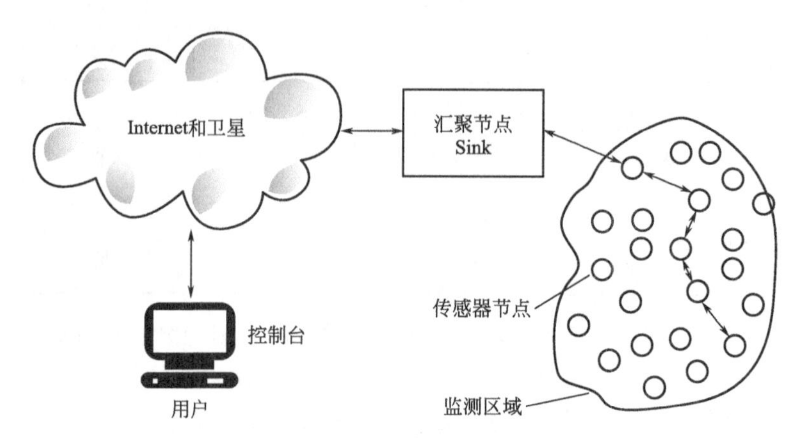

图 4-11　无线传感器网络结构

自组织网络以传输数据为目的，致力于在不依赖于任何基础设施的前提下为用户提供高质量的数据传输服务；而传感器网络以数据为中心，将能源的高效使用作为首要设计目标，专注于从外界获取有效信息，且网络拓扑结构相对固定或者变化缓慢。

4.2.4.2 传感器网络中的关键技术

（1）路由协议

路由是按照数据传输的要求决定源节点和目的节点间路径的过程，无线传感器网络中的节点往往不能直接到汇聚节点（Sink），需要中间节点充当路由器的角色。路由协议在考虑节点的能量有限、计算和存储能力有限以及网络无中心、无组织等因素的基础上，实现节点之间数据的正确传输。无线传感器网络中的路由协议分为两种：平面路由协议和层次路由协议。

平面路由协议一般节点对等、功能相同、结构简单、维护容易，但它仅适合规模小的网络，不能对网络资源进行优化管理。

泛洪（flooding）路由协议是一种传统的网络路由协议，是平面路由协议的一种。网络中各节点不需要维护网络的拓扑结构以及进行路由计算。节点接收感应消息后，以广播形式向所有邻居节点转发消息。泛洪路由协议实现起来简单，健壮性也高，而且时延短、路径容错能力高，但是很容易出现消息“内爆”、盲目使用资源和消息“重叠”的情况，消息传输量大，加之能量浪费严重，泛洪路由协议很少直接使用。

SPIN（Sensor Protocol for Information via Negotiation）路由协议也是一种平面路由协议，是第一个以数据为中心的自适应路由协议。它通过协商机制来解决泛洪算法中的“内爆”和“重叠”问题。传感器节点仅广播采集数据的描述信息，当有相应的请求时，向目的地发送数据信息。这个协议有3种类型的消息：ADV、REQ和DATA。节点用ADV发布有数据发送，用REQ请求希望接收数据，用DATA封装数据。传感器节点会监控各自能量的变化，若能量处于低水平状态，则必须中断操作并充当路由器的角色，这在一定程度上避免了资源的盲目使用。但在传输新数据的过程中，没有考虑邻居节点，因为自身能量有限，只直接向邻居节点广播ADV数据包而不转发任何新数据。如果新数据无法传输，就会出现“数据盲点”，对整个网络数据包信息的收集造成影响。

在层次路由协议中，节点的功能各不相同，各司其职，网络的扩展性好，适合较大规模的网络。

LEACH（Low Energy Adaptive Clustering Hierarchy）是由Heinzelman等提出的基于数据分层的分层路由协议，被认为是第一个自适应层次路由协议。其他路由协议（如TEEN、APTEEN、PEGASIS等）都是在LEACH路由协议的基本思想上发展而来的。LEACH定义了“轮（round）”的概念，一轮由初始化和稳定期两个阶段组成（为了避免额外的处理开销，稳定期一般持续相对长的时间）。在初始化阶段，聚类首领是通过下面的机制产生的。传感器节点生成0和1之间的随机数，如果大于阈值，则选该点为聚类首领。节点根据接收信号的强度选择簇加入，同时也要告知该簇的聚类首领。使用时分复用，所以聚类首领为每个节点分配时隙。在稳定阶段，节点持续监测、采集数据并传给聚类首领，进行必要的融合处理之后再发送到节点Sink。持续一段时间以后，网络进入下一轮。

根据应用模式的不同，无线传感器网络分为主动和响应两种类型。主动型传感器网络持续监测周围的物质现象，并以恒定速率发送监测数据；而响应型传感器网络只是在被观测变量发生突变时才传送数据。LEACH路由协议属于主动型传感器网络，而TEEN（Threshold-sensitive Energy Efficient Sensor Network Protocol）就是响应型的协议。在TEEN中有两个门限值（一个硬门限，一个软门限），通过这两个门限值确定是否发送监测数据。当监测数据第一次超过设定的硬门限时，将它作为新的硬门限并在接着到来的时隙内发送。如果监测数据的变化幅度大于软门限界定的范围，则节点传送最新采集的数据并将它设定为新的软门限。通过调节软门限值的大小可以实现监测精度和系统能耗间的均衡。

（2）数据融合技术

无线传感器网络往往采用高密度部署的方式，整个网络采样的数据含有大量冗余信息（如果不能采用一定方法将这些冗余信息去除，将会消耗过多的能量），而且用户在收到数据后还要进行二次处理。为了解决由于冗余带来的问题，引入数据融合技术，从而节约整个网络的能耗，延长网络的生命周期。数据融合技术是包括对各种信息源给出的有用信息的采集、传输、综合、过滤、相关及合成，以便辅助人们进行态势/环境判定、规划、探测、验证、诊断[26]。在无线传感器网络中使用数据融合技术，能够删除冗余、无效和可信度较差的数据，获取更准确的信息，提高网络数据采集的实时性。

按照网络拓扑结构关系分类，可将融合方式分为分簇型数据融合方式、反向树型数据融合方式和树簇混合型数据融合方式。

分簇型数据融合方式主要应用于分级的簇型网络中，其结构如图 4-12 所示。每个簇中都会选出一个簇头负责收集和管理簇成员，簇内感知节点感测到数据后将数据直接发送给簇头节点，簇头节点融合处理了簇内数据后将数据直接发送给汇聚节点。

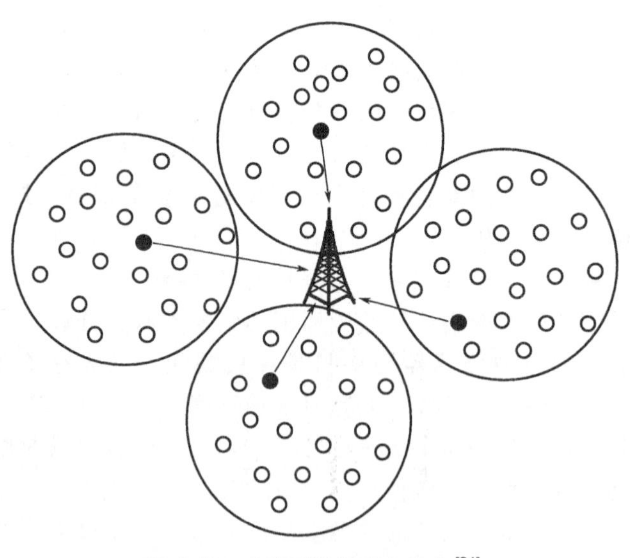

图 4-12 分簇型数据融合结构[31]

反向树型网内融合方式的结构如图 4-13 所示。感知节点将感测的数据通过多跳方式发送给汇聚节点，多跳的路径由反向多播融合树形成，树上的各中间节点把接收到的数据融合后再向上传输。

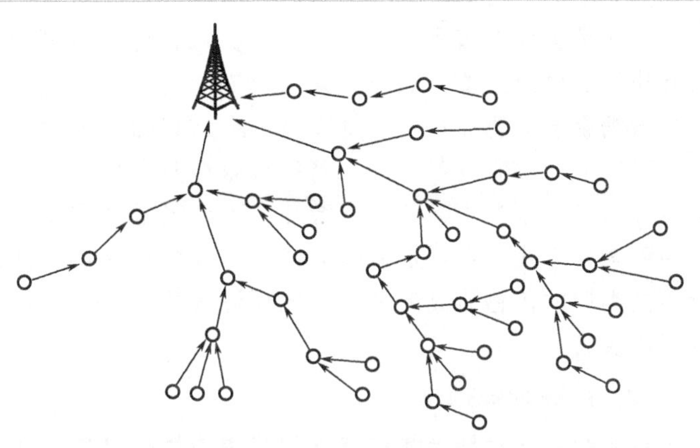

图 4-13 反向树型网内融合[31]

簇树混合型数据融合方式简单说就是上述两种方式的混合，这种网络具有复杂、高效的特点，如图 4-14 所示。采用这种方式，簇头首先收集和管理簇成员，簇内感知节点感测到数据后将数据直接发送给簇头节点，簇头节点融合处理了簇内数据后通过簇头节点组成的反向多播树转发给汇聚节点。

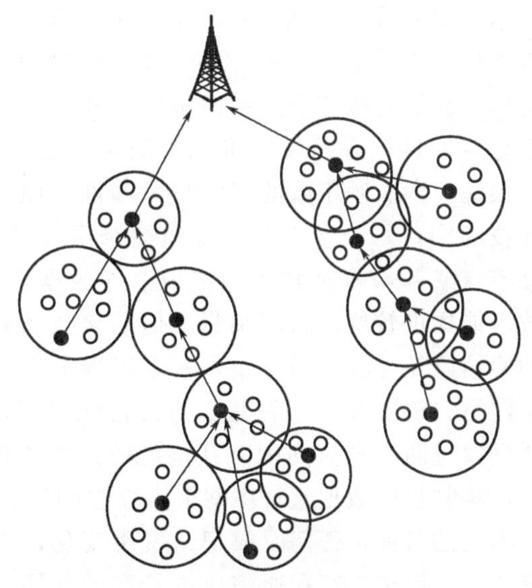

图 4-14 簇树混合型数据融合[31]

按照信息含量分类，融合方式可以分为有损融合和无损融合。无损融合会把所有有效的信息都保留下来；而有损融合以减少信息的详细内容或降低信息质量为代价进行数据融合，能够大幅度减少信息的冗余，从而达到节能的目的。

按照数据融合级别分类，可将数据融合分为数据级融合、特征级融合和决策级融合三类。数据级融合针对目标检测、定位、跟踪、滤波等底层数据融合，能够提供其他层次所不具有的细节信息，但是局限性较大，稳定性和实时性都很差。特征级融合具有较大的灵活性，通过提取的特征信息可以产生新的组合特征。决策级融合应用最为广泛，相比于前两种融合方式，它不是聚焦于具体的数据和数据特征，而是直接对完全不同类型的传感器或者来自不同环境区域的局部决策进行最后的分析并得出决策。

（3）目标跟踪技术

目标跟踪技术是无线传感器网络中应用极其广泛的一个技术，例如监视、自然灾害预警、流量监控等。无线传感器网络中的目标跟踪系统需要具有如下特点：定性大量的观察、信号处理的准确性和及时性、不断增加的系统健壮性和跟踪的准确性。

通过网络的体系结构，将目标跟踪技术分为两类：一类是基于分层网络的目标跟踪技术，另一类是基于点对点网络的目标跟踪技术。分层体系结构的特点是传感器节点能以中继器的角色支持通信，转发节点能在转发数据之前完成数据的处理和信息的融合。点对点体系结构的特点是转发节点仅仅支持静态路由，每个节点仅仅和它的相邻节点通信，整个网络的信息获取是依靠节点和相邻节点间的信息交互完成的。

基于分层的目标跟踪技术可分为四类：基于简单激活的跟踪技术、基于树的跟踪技术、基于簇的跟踪技术和混合跟踪技术。在基于简单激活的跟踪技术中，每个节点将本地监测结果发送至汇聚节点或者基站，然后汇聚节点或基站根据收到的本地监测数据来评估和预测目标状态。虽然该技术能提供较好的跟踪结果，但是该技术的能效最差，汇聚节点或基站的通信以及计算负担过重，一旦汇聚节点或基站出现问题，就会影响整个网络。STUN 是一种基于树的目标跟踪技术，分配到每个链接上的消耗是通过两个节点间的欧几里得距离来衡量的。叶节点用来跟踪移动目标，将收集的数据通过中间节点发送到汇聚节点（Sink）。中间节点记录检测到的目标，任何时候记录发生变化，中间节点会发送更新信息给汇聚节点，但是它存在通信成本较高的问题。基于簇的目标跟踪技术中的传感器组成簇，每个簇都有一个簇头，簇中其他节点被称为簇成员。为了加强目标跟踪过程中的数据处理协作，往往采用簇结构，尤其在一对多、多对一或广播中特别适用。混合跟踪技术是基于以上几种技术的混合，能够取长补短，获得较好的效果。

对于基于树或基于分簇的目标跟踪技术，每次监测都是由一些节点完成的，较为繁重的计算任务则是由根节点或是簇头节点来完成的，这使得基于树或基于分簇的无线传感器网络目标跟踪系统比较脆弱，一旦根节点或簇头节点出现问题，整个网络将受影响而无法正常工作。点对点的目标跟踪技术就可以仅仅依靠相邻节点间的通信，就能保证网络中节点获得系统需求的估测数据。

4.2.4.3 传感器网络在工业互联网中的应用

随着网络技术的发展和信息的爆炸式增长，分布式、多层次和海量信息的融合技术将成为发展的主流。信息融合技术的研究正由低层次融合向高层次融合发展，同时考虑了人类的参与、资源管理与融合过程的优化。研究重点从来自各类传感器等硬件设备的“硬数据”融合逐渐转移到来自数据库和网络等信息系统的“软信息”或“软/硬数据”融合。以此为出发点，分析复杂环境下智能信息处理面临的新问题、新需求，结合当前传感器网络等的发展现状，开展对信息融合相关基础理论及关键技术的研究，建立智能信息处理体系结构，这些都是尤为重要的。

从20世纪90年代至今，信息融合技术在国内已经逐步发展成为多方关注的共同性关键技术，许多研究机构与学者致力于分布式信息融合、机动多目标跟踪、威胁判断、决策信息融合、告警系统、身份识别、态势估计等研究。多传感器信息融合技术从理论研究向实用化方面发展，在军用的C3I系统和民用的一般性工业控制系统中都有广阔的应用，基础理论研究与实际需求互相促进，必将极大提高我国在信息融合技术及其应用方面的实力。

信息融合系统设计与实现需要研究以下问题：系统建模问题、相关融合算法设计（大致有两个方向：概率统计方法与人工智能方法）、信息融合数据库与知识库技术、传感器等资源的管理与调度。上述各方面虽有很多研究成果，但仍不够成熟，也缺乏统一规范或标准，建立实用而灵活的融合系统结构模型和通用的融合支撑平台都有很大的挑战性。

高层次信息融合HLIF的研究工作绝大多数都局限于信号、检测级和目标级估计等低层次融合，关于决策级融合和过程优化等高层次信息融合的研究相对较少。近年来信息融合学术界总结并提出了HLIF的五大挑战：HLIF建模问题、信息表示、系统设计技术、决策支持过程、评估方法。

另外，基于传感器网络和互联网的分布式大规模信息融合系统（比如用于军事情报、智能交通等领域的系统）的建立及其中存在的海量数据的高效融合、信息融合的安全性、资源管理与融合优化等问题的解决也都具有挑战性。

4.2.4.4 传感器网络中存在的挑战

（1）通信能力有限

传感器网络的通信带宽有限，正常工作时节点之间的通信容易出现频繁断连。而且传感器节点的覆盖范围一般较短，通信的距离一般局限在几十米到几百米之间，传感器网络的应用环境都比较复杂，又非常容易受自然环境的影响，例如高山、建筑物和障碍物等地理因素以及暴风雨和闪电等，给维持传感器网络的平稳运行带来了极大的困难。

（2）电池能量有限

传感器网络中的节点受到体积的限制，一般采用微型电池供电，电池的容量一般较小，因而电源能量有限。传感器节点能量消耗的两个主要方面就是计算和通信，但相比于计算，节点的通信过程消耗的能量更多。传感器网络常常会运行在条件较为恶劣的监测环境中，大多数情况下无法更换节点或进行充电，一旦电池能量耗尽，节点也就失效，影响网络的正常运行。同时网络拓扑结构也会因此发生改变，数据采集的有效性会受到影响。

（3）计算能力有限

无线传感器网络中的节点都采用嵌入式处理器和存储器，负责完成传感器节点的计算和存储相关功能。但嵌入式处理器和存储器与普通的处理器和存储器相比，存储和计算能力都很有限。

（4）复杂的网络管理和维护

首先，与普通的有线网络和其他无线网络相比，无线传感器网络的节点数目比较多而且分布比较广泛，无线传感器网络的节点能够部署在范围很大、管理人员较少的区域内，这些特点决定了网络的管理和维护十分困难。其次，无线传感器网络具有很强的动态性，在网络中，传感器节点、感知对象和网络管理者都可以移动，而且传感器节点可以随意加入或退出，因此无线传感器网络要能够动态调整网络拓扑结构，这加大了网络管理的难度。最后，许多传感器网络需要对感知对象（例如温度和湿度）进行控制，并且感知的数据需要具有回控装置，这又增大了网络管理的难度。

4.3 工业互联网中的关键通信技术

4.3.1 射频识别技术

射频识别技术（Radio-frequency identification，RFID）[32] 又被称为电子标签，是兴起于20世纪90年代的一种自动识别技术。RFID属于一种非接触的自动识别技术，它依靠射频信号来判断目标并记录目标的数据，不需要识别系统与特定目标之间建立机械或光学接触。RFID利用无线电信号或电感电磁耦合的传输特性，实现对特定目标的自动识别。RFID技术不同于诸如条形码、光学或者生物等其他类型的自动识别技术，它在抗干扰、信息容量、非视距范围读写以及使用寿命等方面有着更好表现。目前，RFID在物联网、生物医学、生产制造等领域有着非常广泛的应用。随着全球信息化水平的逐步提高，人们对生产效率也提出了更高的要求。射频技术与网络、通信和计算机结合，可以实现全球范围内物品的跟踪与信息共享，从而大幅提高管理与运作效率，有效降低成本。

如图4-15所示，RFID射频识别系统一般由感应标签、读写器和数据库系统等几个主要部分构成。其中RFID标签通常也被称为发射机应答器，由集成电路构成，附着于待识别的产品上，存储用来响应读写器的数据，能够在全球范围内流通。电子标签根据调制方式以及是否搭载电池又可分为有源标签和无源标签两类。有源标签用自身的射频能量主动地发送数据给读写器，由于标签自身带有独立的电池，所以其主要用于有障碍物或者对传输距离要求较高的应用场景中；无源标签没有电池，所以它依靠线圈产生交变电流，该类标签适合在门禁或交通系统中应用。由于读写器与无源标签的作用距离较短，读写器可以确保只激活一定范围和区域内的标签。

上述提到的读写器又被称为阅读器，可以通过外接天线来增大发射功率，进而实现射频信号的发送和接收，根据是否具有移动性又可细分为便携式和固定式两类。一方面它能够和RFID标签进行相互作用，读取标签中存储的产品序列号等信息；另一方面它能够与信息网络系统相连，把从标签读取来的数据录入数据库系统，从而获得某一产品的相关信息。

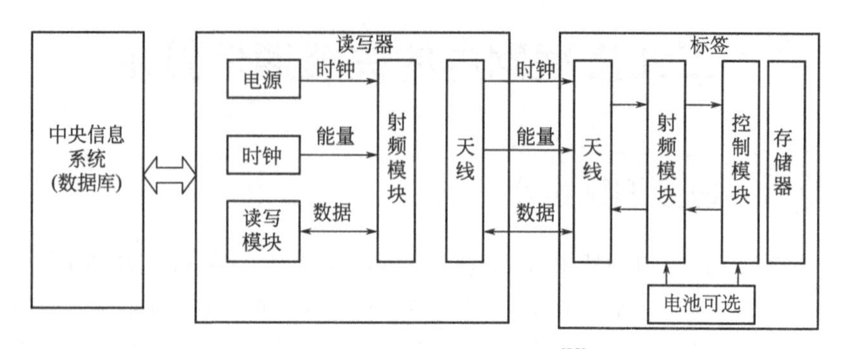

图 4-15 RFID 系统组成框图[33]

数据库系统即为中央信息系统，由本地局域网络和 Internet 组成。读取器读取到的标签信息由数据库进行收集和处理，能够存储和管理所有的事务处理记录，省去了手工输入数据的烦琐过程，同时减少了信息输入错误的风险。RFID 数据库需要通过相应的软件来实现实物互联，其中主要有 3 种类型的软件，分别为组件系统软件、中间件以及业务应用软件。对于一些比较特殊的应用场合，用户可以根据自己的需要独立开发自己的软件。

RFID 的具体工作过程如下：首先，处于磁场中的标签接收到来自读写器的特定射频信号。无源标签依靠感应电流所产生的能量发射预先记录在芯片中的产品信息，有源标签主动发送某一频率的信号。RFID 的工作频率即为读写器发出射频信号的频率，一般分为低频（125kHz、134.2kHz）、中频（13.56MHz）、高频（915MHz）三类[33]。一般而言，工作频率越高，读写能力越强，数据传输速率越高。低频和中频系统主要被应用于距离短、成本低的应用中，而高频系统则适用于识别距离长、读写数据速率快的场合。最后，读写器读取相应的信息进行解码，传送到数据库进行数据处理，进而实现识别功能。

射频识别技术的优势如下。

① 非接触、无屏障阅读　由于射频信号能够穿过冰雪绕开障碍物，进而通过外部材料获取信息。所以 RFID 即使被纸张、木材和塑料等非金属或非透明的材质包覆，也可以进行穿透性通信。因此 RFID 可以应用于恶劣的环境下。

② 识别精度和效率高　RFID 系统阅读速度极快，在大多数情况下

不到100ms即可快速准确地识别物体。普通的条形码一次只能扫描一个，RFID系统可以同时识别多个RFID标签。不仅识别速度快而且识别精度高。

③ 存储信息量大　一般的条形码最多只能存储上千字节的数据，而RFID最多可以存储达兆字节级的数据。RFID不仅能够储存大量信息，而且还可以对信息进行加密保存，保证了安全性。随着记忆载体的不断发展，未来物品所携带的信息量也会越来越大。

利用RFID技术识别精度高、感知能力强、定位精准等特点，可以将其运用在智能制造中复杂零件的制造过程，从生产、销售到售后维修全程提供高水平、高质量的服务，能够更加有效地增加制造效率和品质。RFID技术应用于工业物联网中，可以从一定程度上弥补企业理论设计与实际实施之间的“信息断层”，实时动态掌握生产情况，实现透明化、可视化管理，极大地提升企业的运营效率。

4.3.2 ZigBee技术

4.3.2.1 ZigBee的基本概念

ZigBee[34] 是继蓝牙之后一种新兴的基于IEEE 802.15.4标准的短距离、低功耗、低成本、低复杂度无线网络新技术。ZigBee技术在物联网、工业控制和医疗传感器网络等场景下有着广泛的应用。它使用2.4GHz频段，采用调频和扩频技术。ZigBee技术很好地填补了低成本、低功耗无线通信市场的空白，其成功的关键在于丰富便捷的应用。

IEEE 802.15.4定义了2.4GHz、868MHz、915MHz三个ZigBee物理层可用频段供不同地区使用，均基于直接扩频序列（DSSS)，信号传输距离为几米到几十米之间。除了工作频率不同，三个频段物理层的调制技术、扩频码长度和传输速率都有所区别。其中ZigBee在我国采用2.4GHz的ISM频段，属于非授权频段，具有16个信道，最大数据传输速率为250Kbps。

ZigBee的MAC层简单灵活，数据链路层被分为逻辑链路控制(LLC）和MAC两个子层。LLC子层的主要功能是保障控制传输可靠性、管理数据包分段与重组以及数据包的顺序传输。MAC子层的帧类型包括数据帧、标志帧、命令帧和确认帧。MAC子层的主要功能是建立维护ZigBee设备间的无线链路、传输和接收确认模式帧以及控制信道接入、管理时隙和广播信息等。ZigBee采用CSMA/CA的信道接入方式以及握手协议，有效避免了发送数据的竞争和冲突问题。

4.3.2.2 ZigBee的技术特点

① 功耗低　ZigBee的传输速率较低，发射功率仅为1mW。在休眠待机模式下，ZigBee设备仅靠两节5号电池就可以维持长达6～24个月的使用时间，这种突出的省电优势是其他无线设备望尘莫及的。相比较，WiFi能工作几小时，蓝牙能工作几周时间。

② 成本低　ZigBee模块的初始成本只有6美元。随着协议的不断简化，降低了ZigBee对通信控制器的要求，从而更加节约成本。而且ZigBee协议是免协议专利费的，因此低成本是ZigBee能够广泛应用的关键因素之一。

③ 时延短　ZigBee的通信时延以及从休眠待机状态启动的时延都非常短。一般来说，设备入网时延只有30ms，从休眠状态进入工作状态的时延只有15ms。这种低时延的特点不仅进一步帮助ZigBee节省了电能，而且使其能够在对时延要求苛刻的无线控制场景中有更好的应用。

④ 容量大　基于星形结构的ZigBee网络最多可以容纳254个从设备和一个主设备，而且网络组成也非常灵活。ZigBee网络最多可以支持64000个左右网络节点。ZigBee不仅可以采用星形拓扑结构，还可以采用片状、树状以及Mesh等网络结构。

⑤ 可靠性强　由于ZigBee采取了CSMA/CA碰撞避免策略，同时为需要固定带宽的通信业务预留了专用时隙，进而避开了发送数据的竞争和冲突。MAC层采用了完全确认的数据传输握手模式，每个发送的数据包都必须等待接收方的确认信息，如果传输过程中出现问题可以进行重发，保证了高可靠性。

4.3.3 蓝牙技术

4.3.3.1 蓝牙技术的基本概念

蓝牙是一种无线技术标准，它以低成本的短距离无线通信为基础，可实现固定设备、移动设备和个人域网之间的短距离数据交换，工作于IMS非授权频段，主要用于通信和信息设备之间的无线连接。

蓝牙工作在全球通用的2.4GHz ISM（工业、科学、医学）频段。它采用快速调频方式，是一种点对多点的短距离无线传输技术。传输距离可达10cm～100m，不限制在直线范围内，即使设备不在同一房间内也能实现互联；而在一定范围内的蓝牙设备，传输速率最高可达1Mbps[35]。蓝牙技术由蓝牙特别兴趣小组（BSIG）管理，BSIG主要负责规范化蓝牙开发、管理认证项目并维护商标权益。蓝牙技术拥有一套专利网络，BSIG对外公布了其相关接口标准，可发放给符合相关标准的蓝牙设备。

蓝牙设备有两种组网方式：微微网（PicoNet）和散射网（ScatterNet）。由于受芯片价格高、厂商支持力度小等因素，在PicoNet组网中，多个蓝牙设备共享一条信道，最多只能配置7个节点，因此制约了蓝牙技术在大型无线传感器网络中的应用。为了有效地解决这一问题，蓝牙散射网ScatterNet应运而生。该组网方式基于具有重叠覆盖区域的多个PicoNet，多个微微网构成移动自组织网，通过配置进行通信和数据交换。

在蓝牙系统中，主、从单元的分组传输采用时分双工（TDD）交替传输方式，主单元在偶数号时隙进行信息传输，从单元在奇数号时隙进行信息传输。蓝牙技术采用二进制高斯频移键控（GFSK）的调制方式，使用前向纠错码、ARQ、TDD和基带协议。蓝牙使用FHSS（跳频扩频）技术以确保链路稳定，理论跳频速率为1600跳/s。跳频技术是把频带分成若干个跳频信道，在一次连接中，无线收发器按一定的码序列（伪随机码）不断地从一个信道跳到另一个信道。由于只有收发双方是按这个规律进行通信的，所以其他干扰不可能按同样规律进行干扰。因为跳频的瞬时带宽是很窄的，所以需要通过扩展频谱技术使这个窄频带成百倍地扩展成宽频带，进而将干扰可能产生的影响降到最低。跳频技术将待传输的数据分割成数据包，通过79个指定的蓝牙频道分别传输数据包。每个频道的频宽为1MHz。

4.3.3.2 蓝牙技术的特点

① 语音和数据业务可同时传输　蓝牙采用电路交换和分组交换技术，支持异步数据信道、三路语音信道以及异步数据与同步语音同时传输的信道。每个语音信道数据速率为64kbps，异步数据信道能支持最高速率为721kbps，反向速率为57.6kbps的非对称信道。

② 开放的接口标准　蓝牙特别兴趣小组（BSIG）为了使蓝牙技术有更广泛的应用，公开了蓝牙技术的相关接口标准。这就意味着任何集体或者个人都可以开发自己的蓝牙产品，通过产品兼容性测试后就可以推向市场。

③ 抗干扰性能强　蓝牙技术使用了跳频扩频手段，使无线链路的稳

定性得以保证，有较强的抗干扰性。

4.3.4 超宽带技术

4.3.4.1 超宽带技术的基本概念

超宽带（Ultra Wide Band，UWB）技术[36] 能够对具有很陡上升沿和下降时间的冲击脉冲进行直接调制，使信号具有吉赫兹量级的超带宽。UWB 技术工作在 3.1～10.6GHz 频带内，美国联邦通信委员会定义－10dB 相对带宽大于 20%，或者－10dB 绝对带宽超过 500MHz 的信号为超宽带信号[37]。UWB 技术最早应用在军事雷达通信和 GPS 定位设备中，近年来 UWB 技术在宽带无线通信等领域中也有着非常广泛的应用。

基于 UWB 系统容量大、多径分辨能力强、功耗低等特点，该技术能够有效缓解日益紧张的频带资源需求，在室内复杂的多径环境下发挥巨大作用。由于提高发射信号的带宽，可以在较小信噪比环境下获得较大的信道容量。因此，发射在时域上占空比非常低的冲击脉冲信号是提高发射信号带宽最常用的方法。UWB 技术就是这样一种发送脉冲非常短、带宽非常宽的技术，因此也称为脉冲无线电技术。相对于传统调制技术，UWB 技术不再采用带通载波调制，把含有信息的波形搬移到相应的正弦载波上发射，而是以时域窄脉冲为信息载体，依赖于脉冲串传递信息，采用基带信号直接激励天线发射超短时宽冲激脉冲，也就是说由要传输的信息数据直接调制数据脉冲。可见，脉冲形成技术以及调制技术是 UWB 技术的两个核心问题。

① 脉冲形成技术　基带窄脉冲形式是超宽带通信最早采用的信号形式，通过宽度在纳秒、亚纳秒级的基带窄脉冲序列进行通信。目前产生窄带冲击脉冲的方法主要有光电方法和电子方法。光电方法的基本原理是利用光导开关导通时瞬间产生的陡峭上升沿，进而获得脉冲信号。光电方法的优势是能够获得最小宽度的冲击脉冲，有较好的应用空间。电子方法的基本原理是对半导体 PN 结反向加电，进而达到雪崩状态，在 PN 结导通的瞬间，将陡峭的上升沿信号作为脉冲信号。该方法的优势是半导体器件较容易获得，应用最为广泛。但是和通过光电方法产生的脉冲信号相比，电子方法产生的脉冲信号宽度大，精度较低。

② 调制技术　UWB 调制技术的主要特点是无载波，即直接利用基带脉冲波形进行通信。这种调制方式的优势是收发信机结构简单，实现成本低，应用广泛。无载波调制技术又可分为单脉冲调制和多脉冲调制

两类。单脉冲调制是一种最常用的方式，包括脉冲幅度调制（PAM）、脉冲位置调制（PPM）、二相调制（BPM）和二进制开关键控（OOK）等。其中PAM方式实现起来较为简单，它可以通过改变脉冲幅度的大小来传递信息，所以应用最为广泛。尽管单脉冲调制实现容易，但是由于单个脉冲的信息量大，所以它的抗干扰能力不好。为了提高系统的抗干扰能力，在UWB无线系统中，往往采用多个脉冲传递相同信息的方法以降低单个脉冲的幅度，即多脉冲调制技术。多脉冲调制是由单脉冲调制技术发展而来的，首先进行组内单个脉冲的调制，通常采用PPM或BPM调制；然后进行组间的整体调制，可以采用PAM、PPM或BPM调制。这种先部分调制再整体调制的方式有效提高了信号的抗干扰能力，更有助于信号的传输。

4.3.4.2 超宽带技术的特点

① 传输速率高　超宽带信号顾名思义即频带宽，一般可达几百兆赫到几吉赫，同时UWB通信已经能够在很低的信噪比门限下实现大于100Mbps的可靠高速无线传输。在相同的作用范围下，超宽带通信系统速率可达到无线局域网系统的10倍以上，蓝牙系统的100倍。

② 功耗小　UWB系统的平均功率仅为WLAN和蓝牙系统的1/100～1/10，同时还具有更低的成本。UWB系统发送数据时使用的间歇脉冲持续时间短，一般在0.20～1.5ns之间，有很低的占空因数，因此系统耗电较低，即使是在高速通信状态时耗电量仅为几百微瓦到几十毫瓦。

参考文献

[1] 尹丽波. 工业互联网的发展态势和安全挑战. 信息安全与通信保密，2016（7）：32-33.

[2] 肖俊芳，李俊，郭娴. 我国工业互联网发展浅析. 保密科学技术，2014（4）.

[3] Cover T，Gamal A E. Capacity Theorems for the Relay Channel [J]. IEEE Transactions on information theory，1979，25（5）：572-584.

[4] Sendonaris A，Erkip E，Aazhang B. User Cooperation Diversity. Part I. System Description [J]. IEEE Transactions on Communications，2003，51（11）：1927-1938.

[5] Sendonaris A，Erkip E，Aazhang B. User Cooperation Diversity. Part II：Im-

plementation Aspects and Performance Analysis[J]. IEEE Transactions on Communications，2003，51（11）：1939-1948.

[6] 李根. 无线中继通信系统的容量优化技术研究[学位论文]. 北京：北京邮电大学，2012.

[7] 宋磊. 无线通信系统中的协同中继传输技术研究[学位论文]. 北京：北京邮电大学，2012.

[8] 孙奇. 无线协同中继通信系统的传输技术研究[学位论文]. 北京：北京邮电大学，2014.

[9] 刘佳. 认知中继网络中高效性协作传输技术研究[学位论文]. 北京：北京邮电大学，2015.

[10] Khafagy M G，Alouini M S，Aissa S. Full-Duplex Relay Selection in Cognitive Underlay Networks[J]. IEEE Transactions on Communications，2018.

[11] Sabharwal A，Schniter P，Guo D，et al. In-band Full-Duplex Wireless：Challenges and Opportunities [J]. IEEE Journal on Selected Areas in Communications，2014，32（9）：1637-1652.

[12] 刘佳. 认知中继网络中高效性协作传输技术研究[学位论文]. 北京：北京邮电大学，2015.

[13] 郭艳艳. 协作中继高效性传输技术研究[学位论文]. 北京：北京邮电大学，2010.

[14] 陈年生，李腊元. 基于 MANET 的 QoS 路由协议研究[J]. 计算机工程与应用，2004，23（30）：120-123.

[15] Perkins C E，Bhagwat P. Highly Dynamic Destination-Sequenced Distace-Vector Routing（DSDV）for Mobile Computers. ACM SIGCOMM，London，U. K，1994.

[16] Ge Y，Lamont L，Villasenor L. Hierarchical OLSR：A Scalable Proactive Routing Protocol for Heterogenous Ad Hoc Networks. Proc. IEEE International Conference on Wireless and Mobile Computing，Networking and Communications，Montreal，Canada，2005.

[17] Perkinsn C E，Royer E M. Ad Hoc On Demand Distance Vector Routing. Proc. IEEE Workshop on Mobile Computing Systems and Applications，New Orleans，USA，1999.

[18] 朱祥熙. 基于模糊 PID 控制的连续退火炉温度控制系统的设计与研究. 武汉：武汉科技大学，2010.

[19] 李利军，肖兵. 基于 GPRS 的分布式油田远程监控系统的设计. 贵州大学学报，2009，26（5）：89-92.

[20] Liu H，Darabi H，Banerjee P，et al. Survey of Wireless Indoor Positioning Technique and Systems. IEEE Transactions on Systems，Man，and Cybernetics. 2007，37（6）：1067-1080.

[21] Pak J M，Ahn C K，Shmaliy Y S，et al. Improving Reliability of Particle Filter-Based Localization in Wireless Sensor Networks via Hybrid Particle/FIR Filtering. IEEE Transactions on Industrial Informatics，2015，11（5）：1089-1098.

[22] Pomarico-Franquiz J，Shmaliy Y S. Accurate Self-localization in RFID Tag Information Grids using FIR Filtering. IEEE Transactions on Industrial Informatics，2014，10（2）：1317-1326.

[23] Holý R，Kalika M，Kaliková J，et al. System for Simultaneous Object Identification & Sector Indoor Localization. International Conference on Intelligent Green Building and Smart Grid（IGBSG），2014.

[24] 柯济民. 复杂工业环境下无线传感器网络定位技术研究[学位论文]. 武汉：湖北工业大学，2016.

[25] 陈红阳. 基于测距技术的无线传感器网络定位技术研究[学位论文]. 成都：西南交通大学，2006.
[26] 何伟俊，周非. 基于粒子滤波的TOA/TDOA融合定位算法研究[J]. 传感技术学报，2010，(03)：404-407.
[27] 胡英男. 基于近场电磁测距的室内定位技术[学位论文]. 哈尔滨：哈尔滨工业大学，2014.
[28] Paul Zarchan，Howard Musoff (2000). Fundamentals of Kalman Filtering：A Practical Approach. American Institute of Aeronautics and Astronautics，Incorporated. ISBN 978-1-56347-455-2.
[29] 曹欢，谢红，黄璐. 基于粒子滤波的室内融合定位技术的研究[J]. 应用科技，2017：1-10.
[30] Akyildiz I F，Su W，Sankarasubramaniam Y，et al. A Survey on Sensor Networks [J]. IEEE Communications Magazine，2002，40 (8)：102-114.
[31] 刘千里，魏子忠，陈量，等. 移动互联网异构接入与融合控制. 北京：人民邮电出版社，2015：139-159.
[32] 张航. 面向物联网的RFID技术研究[学位论文]. 上海：东华大学，2011.
[33] 丁治国. RFID关键技术研究与实现[学位论文]. 合肥：中国科学技术大学，2009.
[34] 蒲泓全，贾军营，张小娇，等. ZigBee网络技术研究综述. 计算机系统应用，2013，(09)：6-11.
[35] 李振荣. 基于蓝牙的无线通信芯片关键技术研究[学位论文]. 西安：西安电子科技大学，2010.
[36] 刘空鹏. 室内超宽带（UWB）无线通信系统研究[学位论文]. 杭州：浙江大学，2013.
[37] 李瑛，张水莲，俞飞，等. 超宽带通信技术及其应用. 电子技术应用，2004，(08)：53-55.

第5章

智能制造中的工业大数据

5.1 工业大数据的来源

工业产品生命周期一般分为三个阶段，即开发制造阶段、使用维护阶段和回收利用阶段。工业大数据的主要来源有如下三类。

（1）生产经营相关业务数据

生产经营相关业务数据主要来自传统企业信息化范围，被收集存储在企业信息系统内部，包括传统工业设计和制造类软件、企业资源计划（ERP）、产品生命周期管理（PLM）、供应链管理（SCM）、客户关系管理（CRM）和环境管理系统（EMS）等。这些企业信息系统已累积了大量的产品研发数据、生产性数据、经营性数据、客户信息数据、物流供应数据及环境数据。此类数据存储于企业或者产业链内部，是工业领域传统的数据资产，在移动互联网等新技术应用环境下正在逐步扩大范围。

（2）设备物联数据

设备物联数据主要指在物联网运行模式下，工业生产设备和目标产品实时产生并收集的、涵盖操作和运行情况、工况状态、环境参数等体现设备和产品运行状态的数据。随着物联网技术的迅速发展，设备物联数据成为工业大数据新的、增长最快的来源。狭义的工业大数据即指该类数据，即工业设备和产品快速产生且存在时间序列差异的大量数据。

2012年美国通用电气公司提出的狭义工业大数据是指传感器在使用过程中采集的大规模时间序列数据，包括装备状态参数、工况负载和作业环境等信息，可以帮助用户提高装备运行效率，拓展制造维修服务(Maintenance Repair and Overhaul，MRO)[1]。

（3）外部数据

由于互联网与工业的深度融合，企业外部数据已成为工业大数据不可忽视的重要来源。外部数据指与工业企业生产活动和产品相关的、来自企业外部互联网数据。此外，企业外部互联网还存在着海量的“跨界”数据，例如评价企业环境绩效的环境法规、预测产品市场的宏观社会经济数据、影响装备作业的气象数据等。

工业大数据来源于产品生命周期各个环节的机器设备数据、工业信息化数据和产业链跨界数据，包括设计数据、机器操作数据、员工行为数据、成本信息、物流信息、环境条件、故障检测和系统状态监测数据、产品质量数据（例如每个设施的缺陷率）、产品使用数据（例如可用性、修复率）以及客户信息（例如客户功能、反馈数据、建议）等，每个环节都会有大量数据，全生命周期汇合起来的数据更大[2]。

考虑到整个产品生命周期（包括设计、制造、营销、服务、回收和其他环节）中产生了大量的工业数据，因此，在制造企业中给定多个独立系统和各种传感器的情况下，将形成多源异构空间数据。所以工业大数据可以分为以下三种类型[3]：

① 结构化数据　包括传感器信号、控制器数据等。

② 半结构化数据　例如来自网站的信息或 XML 格式的客户反馈信息。

③ 非结构化数据　由声音、图像和视频资料组成。

工业大数据具有一般大数据的特征：数据容量大、多样性、快速。

① 数据容量大　数据容量的大小决定了数据的价值和潜在的信息。工业数据的容量一般都比较大，大量机器设备数据以及互联网数据持续涌入，大型工业企业的数据集可以达到 PB 级甚至 EB 级别。

② 多样性　这里指的是数据类型的多样化以及数据的来源广泛。工业大数据的来源涵盖了整个工业流程，包括市场、设计、制造、服务、再制造等。而且工业大数据的结构较为复杂，既有结构化数据和非结构化数据，还有半结构化数据。传统的数据存储记录方式只能记录生产过程中最直接的数据，但随着各类技术的发展，重要的图像、声音、视频信息都被记录下来，为以后的工业分析提供了重要参考。

③ 快速　指获得和处理数据的速度。随着现代工业的生产规模逐渐扩大、工艺流程的逐渐复杂以及测量和控制手段的不断更新，大型的工业生产装置都会有数以万计的数据测量设备，这些设备每秒钟都在记录着几千兆字节甚至几万兆字节的数据。工业数据处理的需求速度多样，有要求实时、半实时和离线三种。

工业大数据在此基础上具有四个典型的特征：价值性、实时性、准确性、闭环性。

① 价值性　工业大数据更加强调用户价值驱动和数据本身的可用性，包括：提高创新能力和生产经营效率，以及促进个性化定制、服务化转型等智能制造新模式变革。有时候 20％的数据具有 80％的价值密度，例如一些产品图纸、加工工艺；而 80％的数据只有 20％的价值密度，例如图片数据等。工业大数据无法避开这些基础数据的

支撑。

② 实时性　工业大数据主要来源于生产制造和产品运维环节，生产线、设备、工业产品、仪器等均是高速运转，在数据采集频率、数据处理、数据分析、异常发现和应对等方面均具有很高的实时性要求。

③ 准确性　主要指数据的真实性、完整性和可靠性，更加关注数据质量，以及处理、分析技术和方法的可靠性。对数据分析的置信度要求较高，仅依靠统计相关性分析不足以支撑故障诊断、预测预警等工业应用，需要将物理模型与数据模型结合，挖掘因果关系。

④ 闭环性　包括产品全生命周期横向过程中数据链条的封闭和关联，以及在智能制造纵向数据采集和处理过程中，需要支撑状态感知、分析、反馈、控制等闭环场景下的动态持续调整和优化。

除以上4个基本典型特征外，业界一般认为工业大数据还具有反映工业逻辑的多模态、强关联、高通量以及集成性、透明性、预测性等特征。

① 多模态　所谓多模态，是指非结构化类型工程数据，包括设计制造阶段的概念设计、详细设计、制造工艺、包装运输等15大类业务数据，以及服务保障阶段的运行状态、维修计划、服务评价等14大类数据。多模态还指工业大数据必须反映工业系统的系统化特征及各方面要素，包括工业领域中“光、机、电、液、气”等多学科、多专业信息化软件产生的不同种类的非结构化数据。

② 强关联　一方面，产品生命周期的研发设计、生产、服务等不同环节的数据之间需要进行关联；另一方面，产品生命周期同一阶段的数据也具有强关联性，如产品零部件组成、工况、设备状态、维修情况、零部件补充采购等，涉及不同学科、不同专业的数据。强关联反映的是工业的系统性机器复杂动态关系，不是数据字段的关联，本质是指物理对象之间和过程的语义关联，包括产品部件之间的关联关系，生产过程的数据关联，产品生命周期设计、制造、服务等不同环节数据之间的关联以及在产品生命周期的统一阶段涉及的不同学科、不同专业的数据关联。

③ 高通量　高通量即工业传感器要求瞬时写入超大规模数据。嵌入了传感器的智能互联产品已成为工业互联网时代的重要标志，是未来工业发展的方向，用机器产生的数据代替人产生的数据，实现实时的感知。从工业大数据的组成体量上来看，物联网数据已成为工业大数据的主体。

工业是国民经济的基础，也是国家竞争力的重要体现。由于先进的传感器技术、物联网、通信技术、大数据、人工智能技术等的快速发展和应用，各国在工业大数据方向正式发力，全球掀起了以制造业转型升级为首要任务的新一轮工业变革。

2012年，美国发布了《先进制造业国家战略计划》报告，报告中指出先进制造业在国民经济中占绝对地位，是未来经济增长的驱动力。随着先进制造业的全球竞争愈加激烈，为了应对现代制造技术的公共和私人部分的复杂性，《先进制造业国家战略计划》提出了促进美国先进制造业发展的三大原则、五大目标及相应的对策措施。其中三大原则包括完善先进制造业创新政策、加强“产业公地”建设和优化政府投资。

“工业4.0”是德国政府《德国2020高技术战略》中所提出的十大未来项目之一。在“工业4.0”战略中，互联网将会渗透到所有的关键领域，原有的行业界限将会消失，新兴的产业链条将会重组，全新的商业模式和合作模式将会出现。

“工业4.0”项目主要分为三大主题：一是“智能工厂”，重点研究智能化生产系统及过程，以及网络化分布式生产设施的实现；二是“智能生产”，主要涉及整个企业的生产物流管理、人机互动以及3D技术在工业生产过程中的应用等；三是“智能物流”，主要通过互联网、物联网、物流网整合物流资源，充分发挥现有物流资源供应方的效率，需求方则能够快速获得服务匹配，得到物流支持。德国“工业4.0”战略实施的重点在于信息互联技术与传统工业制造的结合，其中大数据分析作为关键技术将得到较大范围应用。

工业大数据是我国制造业转型升级的重要战略资源，也是我国在未来的全球市场竞争中发挥优势的关键，需要针对我国工业的特点有效利用工业大数据推动工业升级。我国工业技术进步速度较快，发展势头良好，但实现向工业大数据、智能制造模式转型依旧存在很多困难。随着“中国制造2025”国家战略的提出，工业大数据技术将是未来为制造业提高生产力、竞争力、创新力的关键要素，而且也将越来越趋近于标准化。

随着工业数据的数量和类型不断增长，工业大数据在现代和未来行业中将会发挥并继续扮演越来越重要的角色。世界各国都牢牢地抓住了这次新发展机遇，提出了各种制造业刺激政策，以促进制造智能化转型。毫无疑问，工业大数据将日益成为全球制造业挖掘价值、推动变革的重要手段。

5.2 工业大数据关键技术

随着信息化技术的快速发展，与日俱增的海量数据已经不仅仅局限于计算科学领域的数值形式。在科学研究、日常生活、工业生产等领域无时无刻不在产生着大量的数据。这些数据已经不仅仅是生产活动的副产品，而是可被二次乃至多次加工的原料，从中可以探索出更大的价值，从而变成了生产资料。

在大数据研究迅猛发展的大环境下，信息技术与工业技术的融合成为一个必然趋势，工业大数据也应运而生。在2011年汉诺威工业博览会(Hannover Messe) 开幕式上，德国人工智能研究中心的 Wolf-gang Wahlster 教授首次提出“工业 4.0”概念。2015 年我国政府也明确提出了“互联网＋”的概念，将大数据上升到国家战略高度。

5.2.1 数据采集技术

由于工业大数据不仅具有一般大数据的特征（数据容量大、多样、快速和价值密度低），还具有时序性、强关联、准确性、闭环性等特征[4]，因此对于数据采集、管理和分析技术提出了较高的要求。工业数据体量普遍较大，大型工业企业的数据量甚至可以达到 PB、EB 级别[5]。工业数据广泛分布于机器设备、工业产品、管理系统、互联网等环节，同时包含了结构化、半结构化和非结构化数据。工业大数据对数据的获得和处理速度提出了较高的要求，在生产现场的分析时限甚至达到了毫秒级别。因此，在未来的工业生产中主要面临两个挑战：首先，数据采集量巨大，种类繁多；其次，如何将大量数据进行统筹分析，将结果反馈于生产。

数据采集（data acquisition）主要是从本地数据库、互联网、物联网等数据源导入数据，是工业控制和监控中的重要环节，是数据处理、分析和展示的数据来源。数据采集是工业大数据应用的第一步，决定了所得到数据的质量和维度[6]，是后续数据挖掘分析的基础，数据的质量决定了模型所能达到的上限。利用数据采集技术收集及时、准确、足量的数据，对于工业大数据的应用有着非凡的意义。

传统的工业界主要使用 SCADA 系统进行数据采集。SCADA 系统是基于现代信息技术发展起来的生产过程监控与调度自动化系统，在工业界的电力、机械等领域的数据采集和监控得到广泛的应用。尽管SCADA系统可以对工业生产中的现场设备进行监控，具有数据采集、设备告警、设备控制以及参数调节等功能，但是其自身存在的若干不足导致SCADA系统难以满足未来工业发展的需要。

a. 在复杂生产环境中，不同类型数据采用独立的数据库导致数据融合能力不足，无法共享数据。

b. 横跨不同工业环境时SCADA系统通用性欠缺，发生环境变化时需要修改系统。

c. 在需要新增某类型数据或者使用不同通信方式时，系统的灵活性和可拓展性存在不足。

综合上述原因可以得出，构建一种具有高可拓展性、高通用性、高可靠性、能支持海量实时数据信息采集的采集系统来代替传统的SCADA系统具有非常重要的意义。通过借鉴互联网行业在海量数据采集方面的成熟解决方案，可以将ETL技术进行针对工业大数据特点的优化修改，使其能够运用于工业大数据采集[7]。

ETL（Extract-Transform-Load）技术是指将数据从来源端经过抽取（extract）、转换（transform）、加载（load）到目的端的过程。在该过程中，用户从数据源抽取需要的数据，经过清洗、处理，最终按照定义好的数据模型将数据加载到数据仓库中。

ETL过程的数据存储区域包含数据源、数据暂存区以及数据仓库。数据源可以是数据库、系统文件、业务系统等，其中的数据包含传感器采集的海量key-value数据、文档数据、信息化数据、接口数据、视频数据、图像数据、音频数据等。数据源中的数据通过extract过程被抽取，这里需要解决的难点在于不同类型的数据具有各自的特点，因此抽取数据需要适应不同数据的特征。在transform过程中会进行数据清洗、数据结构转换、计算等处理，过程的中间数据和结果将被存储在数据暂存区（Data Staging Area，DSA）。数据仓库则用来存储最后的结果或者压缩后的结果。

由于在目前的工业生产中，传感器采集到的数据大多是半结构化数据和结构化数据，不需要经过复杂处理如数据清洗等，因此ETL模型可以对数据转换过程进行简化，将数据提取、处理以后实时加载到数据库中。在实际的工业生产环境中，通过传感器、DCS、PLC等其他数据源采集到的大量数据，先通过分布式数据处理，再通过ETL工具加载到HBase、MySQL和SQL Sever等数据仓库中。在数据处理过程中常见的数据采集方式分为内部数据采集和外部数据采集[8]。

(1) 内部数据采集

内部数据采集分为离线采集和在线采集。其中离线采集主要是基于文件、数据库表等。基于文件的采集（如日志分析）一般采用 gzip 等压缩算法，代表产品有 Cloudera 的 Flume 和 Apache 等。而基于数据库表的采集如经分系统，其代表产品为 IBM 公司的 CDC 产品和 MySQL 的 Binlog 采集产品等。在线采集主要是基于消息、流数据等。其中基于消息的采集，如性能数据采集的代表产品有 Linkedin 的 Kafka 和开源的 ActiveMQ 等。基于流数据的采集需要根据场景选择对应的压缩算法，代表产品有 IBM StreamBase、Twitter Storm 等。下面介绍两种常用的内部数据采集技术。

Flume 是 Cloudera 提供的一个高可用、高可靠、分布式的海量日志采集、聚合和传输的系统。Flume 支持在日志系统中定制各类数据发送方，用于收集数据。它还能对数据进行简单处理，并拥有写到各种数据接收方的能力，同样，这些数据接收方也可以定制。目前 Flume 拥有 Flume-ng 和 Flume-og 两个版本。其中 Flume-ng 是经过重大重构的，最明显的改动就是取消了集中管理配置的 Master 和 Zookeeper，变为一个纯粹的传输工具，并且读入数据和写出数据由不同的工作线程处理，其目的是更简单、体积更小而方便部署。Flume 由若干个 Agent 组成，每个 Agent 由 Source、Channel、Sink 3 个模块组成，其中 Source 负责接收数据，Channel 负责数据传输，Sink 负责数据向下一端的发送。相较于其他技术，Flume 具有独特的优势：能提供上下文路由特征；能在数据生产者和数据收容器之间调整，来保证在收集信息到达峰值时提供平稳的数据；可以将应用产生的数据存储到任何集中存储器中，如 HDFS 和 HBase；容错率高并且方便管理升级。

Kafka 是由 Apache 软件基金会开发的一个开源流处理平台，由 Scala 和 Java 编写。它是一种高吞吐量的分布式发布订阅消息系统，可以处理消费者规模的网站中的所有动作流数据。Kafka 是一种快速、可拓展、分布式、分区和可复制的提交日志服务。Kafka 的流程主要分为三层：Producer、Broker 和 Consumer。其中 Producer 代表发送消息者，Broker 代表 Kafka 集群中的每个 Kafka 实例，Consumer 代表消息接收者。一个 Topic 表示一类信息，Kafka 对消息保存时根据 Topic 进行分类，将每个 Topic 分成多个 Partition 并以 append log 文件的形式存储。每条消息以类型为 long 的 offset（偏移量）作为位置来直接追加到 log 文件的尾部。

(2) 外部数据采集

外部数据采集主要为互联网数据采集，可以分为网络爬虫类和开放API类。网络爬虫类指按照一定规则自动抓取互联网信息的程序框架，常见的开源技术有 Apache Nutch、Scrapy 等网络爬虫框架。开放 API 类，即根据数据源提供者开放的接口获取限定的数据，常根据实际情况进行定制化开发。下面简要介绍 Nutch 和 Scrapy 技术。

Nutch 是一个开源 Java 实现的搜索引擎，它提供了运行搜索引擎所需的全部工具，包括全文搜索和 Web 爬虫。Nutch 经由最初的 Nutch1.2 版本从搜索引擎演化为网络爬虫，接着进一步演化为两个分支版本：1.×和 2.×。两者的区别在于 2.×版本对底层数据存储进行了抽象以支持各种底层技术。Nutch 由爬虫 Crawler 和查询 Searcher 组成。其中 Crawler 主要用于从网络上抓取网页并且建立相应的索引。Searcher 主要利用前者建立的索引检索用户的查找关键词来产生查找结果，Crawler 和 Searcher 之间的接口是索引。

Scrapy 是利用 Python 开发的一个快速、高层次的屏幕抓取和 Web 抓取框架，用于抓取 Web 站点并从页面中提取结构化的数据。Scrapy 用途广泛，可以用于数据挖掘、监测和自动化测试。最初 Scrapy 是为了页面抓取而设计的，也可以应用在获取 API 所返回的数据或者通用的网络爬虫中。相较于 Nutch，Scrapy 学习成本低很多，只需定制开发几个模块便可以实现一个爬虫。Scrapy 提供了可定制的能力，如爬取机制、URL 过滤策略等。

在工业信息化不断提升的今天，物联网在电网、制造业中得到广泛的应用，不计其数的智能传感终端和智能采集设备导致数据来源和数据种类也愈发多种多样[9]。面对现代工业对于数据融合能力、采集系统通用性和采集系统可拓展性的高要求，传统的 SCADA 系统已经难以满足。针对上述问题采用 ETL 技术来完成数据采集和实时流数据处理，并结合 Kafka、RabbitMQ、Storm 等实时流数据处理技术，提升了数据采集的实时性和效率，相较于传统技术更加充分、合理地利用了工业大数据。

5.2.2 数据存储与管理技术

随着“工业 4.0”概念的产生与兴起，制造业、电网等开始步入大数据时代。在生产流程的设计、制造、维修的整个周期中，无时无刻不在产生着大量的结构化、半结构化和非结构化数据[5]，这些数据具有数据量大、多样、快速、价值密度低、时序性、强关联性、准确性和闭环性等特点，并且具有存储效率高、检索速度快的基本要求。数量众多的小文件以及文件类型的多样性使工业大数据存储和检索面临着严峻的挑战。作为产业革命的核心，工业大数据是实现智慧生产的重要因素，因此如何合理地存储和管理大数据显得尤为重要。

针对以上要求，采用分布式数据存储管理技术可以有效地降低存储成本、提高数据处理能力，其主要存储模式为冗余存储模式，即将同一份文件块复制并且存储在不同存储节点中。

（1）HDFS

目前常用的分布式存储技术包括谷歌的 GFS（Google File System）和 Hadoop 的 HDFS（Hadoop Distributed File System），其中 HDFS 是 GFS 的开源实现。同时也存在着基于谷歌 GFS 的分布式实时数据管理系统 Big Table 和基于 HDFS 的 HBase，两者都能使管理大数据更加方便，并且摒弃了传统的单表数据存储结构，采用了由多维表组成的按列存储的分布式实时数据管理系统来组织和管理数据[10]。

HDFS 作为 Hadoop 的分布式文件系统，是分布式系统中数据存储和管理的基础[11]。相比其他分布式文件系统，该系统的特点包括：适合大文件的存储和处理，速度可以达到 PB 级；集群规模可动态拓展，当存储节点在运行状态下加入集群中时集群仍然可以正常工作；数据一次写入多次读取；采用数据流式读写的方式增加了数据的吞吐量等。下面，我们从 HDFS 的系统架构、副本机制以及可靠性保障三个角度来详细介绍 HDFS。

① HDFS 系统架构　HDFS 采用主从结构，即 HDFS 集群由一个 Namenode 和多个 Datanode 组成，如图 5-1 所示。一般集群中选择一台设备作为 Namenode，其作用是控制系统的运作。剩下的设备则作为 Datanode 进行数据存储。客户端通过 Namenode 和 Datanode 的交互来实现对文件系统的访问，集群可同时被多个客户端访问。在上传文件时文件被默认分成大小为 64MB 的 Block 块[12]。

Namenode 是整个集群的控制中心，可管理系统元数据和控制文件读写流。元数据包括文件的命名空间、文件与 Block 的对应关系、Block 与 Datanode 的映射关系。在启动集群时，Datanode 会自动上报文件数据块的存储位置和副本信息。上传文件时会将数据块尽量分散到不同的 Datanode 上。访问文件时用户先通过访问 Namenode 的元数据获取文件和其副本的存储位置，再直接通过 Datanode 读取文件。

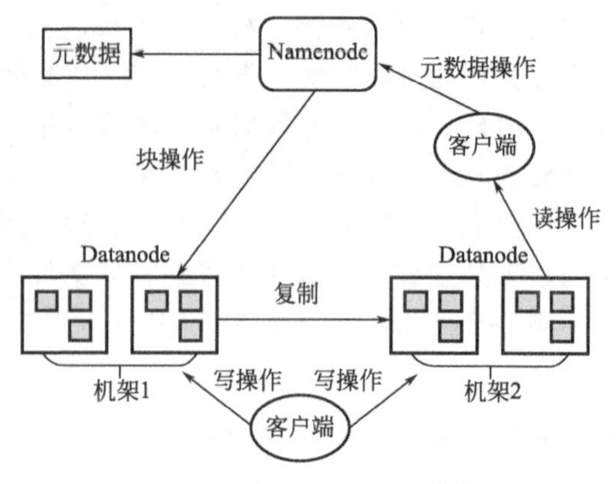

图 5-1 HDFS 体系结构[11]

② 副本机制　由于 HDFS 设计的初衷是允许集群搭建在廉价设备上，因此可能会发生设备故障导致数据丢失，而 HDFS 的副本机制则很好地保证了数据的安全和系统的可靠性。HDFS 默认副本个数为 3 个，当文件被 Block 块存储时，数据块被复制成三份，其中副本 1 被分配到本地磁盘内，副本 2 被存放在同一个机架的另一个节点，副本 3 被存放在不同的机架上，当一个副本损坏时会返回最近的一个副本来保证数据安全。如此既保证了效率，又防止整个机架失效导致数据安全问题。

③ 可靠性保障　除了副本机制，集群还有其他方式来保证数据的安全。心跳检测[16]是指集群中的每个 Datanode 会定时向 Namenode 发送心跳包和块报告，通过解析块报告，Namenode 可以判断出宕机的 Datanode 并将任务分配给其他节点；安全模式是指在系统刚启动时 Namenode 会进入安全模式，在此期间 Namenode 会检测 Datanode 的数据块副本数是否达到系统默认最小副本数，检测完毕则会自动退出安全模式；数据完整性检测是指在磁盘故障等导致数据丢失的情况下数据完整性检测是必不可少的[13]。

(2) HDFS 的瓶颈及解决方案

虽然以 HDFS 为代表的分布式文件系统提供了大数据的存储支持能力，但是由于设计时系统没有考虑对实时、高性能的数据处理的支持，导致这些分布式文件系统存在着若干不足。工业大数据包含多种数据，如文本、视频、图像等，这些数据来源广泛并且数据之间的关联性强。由于传感器的数量极大以及生产车间无时无刻不在产生大量小数据，可能只有几千字节，对于海量小文件的处理已经成为传统分布式文件系统的瓶颈[14]。

a. 由于大量小文件的存在，HDFS按照数据每64MB分块，因此每个小文件占据一整块数据块造成了存储资源的浪费。

b. 大量存在的小文件导致元数据量的激增，从而给管理节点带来极大的负荷，并且在进行海量小文件操作时需要花费大量的网络通信开销，导致网络资源利用率低。

c. 工业大数据具有时效性导致不同数据访问频率不同，现有的分布式存储方法采用静态副本方式，副本数量固定，可拓展性低，因此无法满足工业大数据的动态要求。

针对海量小文件处理问题，目前研究的方向主要有两个：一是增加Namenode节点的数目，二是将小文件组织成大文件进行管理。由于后者既能节省元数据存储空间，又可以避免数据块存储空间的浪费，因此成为目前的主流方向。针对小文件组织成大文件，HDFS提出了以下三种解决方案[12]。

① HAR file　HAR file是最先被提出的方案，其原理是通过在HDFS上构建一个层次化的文件系统，将小文件打包成一个.har文件，可以通过har：//来访问数据。由于.har文件保存了小文件的内容和位置索引，访问时需要读取两层index文件和文件本身数据，因此读取文件的速率有所下降。

② Sequence file　Sequence file文件是Hadoop用来存储二进制形式的key-value而设计的一种平面文件。其原理是将小文件名作为.key、文件内容为value存放在一个.seq文件中，可以通过key来直接查找Sequence中的数据。不仅如此，Sequence还可以通过MapReduce分割成多个数据块单独处理，并且每个key-value对还支持压缩。根据此特性可以通过并行方式产生一系列Sequence文件来加快存储速率。

③ Map file　Map file是由Sequence file变化而来的，通过将键值对进行排序并增加索引数据使检索更加高效。

除了上述三种方式外，压缩也是一种更简单、有效的方式，将众多小文件压缩成一个大文件能节省大量的空间。但此方式只适用于更改频率不高的数据，否则每次更改时的解压缩使操作更加烦琐。

(3) HBase

HBase是基于Hadoop的面向列式开源数据库，是谷歌Bigtable的开源实现，它弥补了传统的关系数据库在处理大数据时的高并发读写、高效率存储和访问、高可拓展性和高可用性方面的局限。HBase具有优秀的读写性能，充分利用磁盘空间，并且支持各种压缩算法。

在 HBase 数据库中，数据以表的形式存储，表由行、列确定一个存储单元，每个存储单元里包含了同一份数据的多个版本，由时间戳加以区分，其中行键为检索记录的主键。

HBase 根据行键范围进行分割形成不同的 Region，每个 Region 有一个容量阈值，当大小超过阈值时将会分割形成行的 Region。同一个 Region 的数据存储在 HDFS 的同一台机器上，由 HDFS 提供数据拓展、备份、同步等服务。Region 也是集群进行分布式存储和负载均衡的最小单位。

每台机器上都有一个用来管理多个 Region 实例的守护进程 HRegionServer。当写入数据前会先写一个数据日志 HLog，以此来强制保护数据的一致性。每个 Region 服务器只维护一个 HLog，因此不同表的 Region 日志是混合存储在一起的，如此便可以在不停追加同一个日志文件时，相对于多个日志文件减少磁盘寻址次数。

每个 Region 由一个以上的 Store 组成，每个 Store 由多个 MemStore 和 StoreFile 组成，其中每个 Store 保存一个列族的所有数据，而 StoreFile 以 HFile 存储在 HDFS 上，如图 5-2 所示。当客户端写入数据时先写入 HLog，再写入 MemStore，当 MemStore 的数据达到阈值时数据会被刷新到磁盘形成一个 StoreFile，StoreFile 的数量达到一定阈值后会合并成一个 StoreFile，StoreFile 在合并时若文件大小超过一定阈值，则当前的 Region 会自动分割为两个 Region[12]。

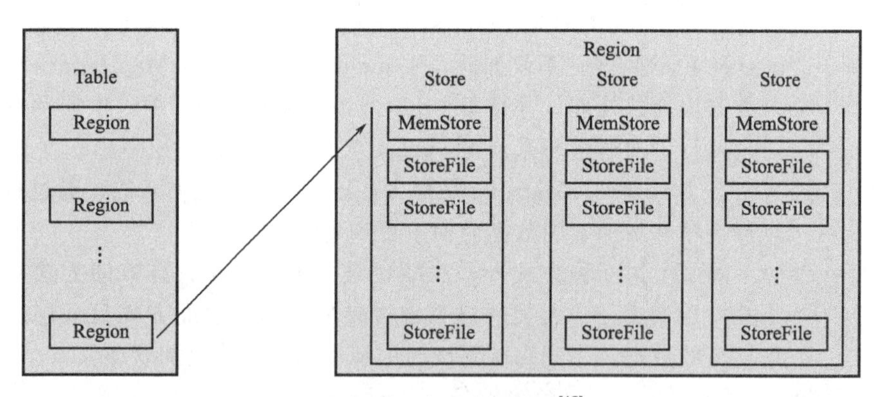

图 5-2 Region 内部模型[12]

主服务器 HMaster 负责协调 Region 服务器的负载，维护集群状态，通过 Zookeeper 来对 HRegionServer 的状态进行监控，HRegionServer 负责具体数据通信的管理。

Zookeeper 是一个独立开源系统，其作用是为分布式系统进行协调所有权、注册服务、监听更新。Region 服务器在 Zookeeper 中注册一个临时节点，主服务器通过利用这些临时节点来发现可用服务器，同时监控机器故障和网络分区。

在元数据的管理方面，用户访问数据表时首先通过 Zookeeper 找到 root 表，再通过 root 表存储的 meta 表的元数据找到 meta 表，接着通过存储在 meta 表里的 Region 的元数据找到对应的 Region，最后便可以在 Region 中找到所需的数据。在此过程中，随着 Region 增多，meta 的数据会分割成多个 Region，但为了保证只需三次跳转便可定位到具体数据，root 表中的数据增多时 root 表永远不会分割。

工业大数据要求对海量小文件进行持久化存储，而 Oracle、DB2、PostgreSQL、Microsoft SQL Server 等关系型数据库在可拓展性和非结构化类型数据存储方面表现不佳，相对而言以 HBase 为代表的非关系型数据库则在海量数据读写方面表现出了良好的性能，仿佛天生就是为海量数据的存储和检索而设计的[15]。HBase 凭借其高可靠性、高性能、列存储、可伸缩、实时读写的优点在工业界得到广泛的应用[12]。

5.2.3 大数据计算模式与系统

(1) 大数据计算与系统面临的挑战

对于工业而言，随着信息化建设的加快和工业物联网的普及，当前世界所拥有的数据总量已经远远超过任何历史时期的数据量，并且还以倍增的趋势在不断增加。这些数据种类繁多，产生速率快，价值稀疏但价值总量大，数据价值的有效时间急剧减少，因此对数据计算能力的要求也越来越高[20]。

大数据计算是发现信息、挖掘知识、满足应用的必要途径，也是大数据从收集、传输、存储、计算到应用等整个生命周期中最关键、最核心的环节。大数据计算的成功与否决定了是否能够成功挖掘出大数据中蕴含的价值。面对目前大数据时代复杂的数据计算任务，大数据计算模式和系统受到了新的挑战。

① 可拓展性　计算框架的可拓展性决定了计算规模和计算并发度等指标。

② 容错率　大数据计算框架需要考虑到底层存储系统可能存在的不可靠性，一旦发生错误需要系统自动恢复并且将运行时产生的错误对使用人员透明显示。

③ 任务调度模型　需要保证大数据计算平台多用户调度的资源公平

性、资源利用率和高吞吐率。

④ 时效性　随着时间推移，数据的价值往往会不断衰减，解决方案包括数据的实时计算以及缩短系统响应时间等。

⑤ 高效可靠的 IO　目前硬盘和网络的 IO 读写速率远远低于内存读写速率，通过算法调整等可以提高 IO 效率。

（2）大数据计算模式

大数据并行化计算是整个大数据处理过程中的计算核心层。由于工业大数据体量巨大、时效性强而且包含大量结构化和非结构化数据，传统的串行计算模式已经不能满足实际应用中的复杂多样的计算需求。因此，出现了多种大数据计算模式，例如大数据查询分析计算、批处理计算、流式计算、图计算、迭代计算和内存计算等。

a. 大数据查询分析计算模式的典型系统包括 Hadoop 生态系统中的 Hive、Pig，Cloudera 公司的实时查询引擎 Impala 等。

b. 批处理计算模式的典型系统有 Apache 的 MapReduce 和 Spark。批处理计算常被用于静态数据的离线计算和处理，其初始的设计目的是解决大规模的数据计算。MapReduce 是一种典型的大数据批处理模式，它凭借简单易用的 Map 和 Reduce 令两个数据处理过程得到了广泛的应用。Spark 则比 MapReduce 在各方面都有显著的提升。

c. 流式计算模式指的是需要对一定时间内的数据完成高实时性计算的计算模式，因此其相对于批处理计算模式更加关注数据处理的实时性。典型的流式计算系统有 Twitter 公司的 Storm、Yahoo 公司的 S4 和 Apache Spark 的 Spark Streaming。

d. 图计算模式是用来解决图结构（如社交网络、路网、病毒传播）的数据并行处理的一种计算模式，常见的图计算系统有 Pregel、Giraph 和 GraphX 等。

e. 迭代计算模式是为了改进 MapReduce 在迭代计算模式上存在的不足而产生的一种计算模式。

f. 内存计算模式可以进行高响应性能的大数据查询分析计算，目前使用内存计算进行高速大数据处理已经成为大数据计算的重要发展趋势，Spark 则是内存计算模式的一个常见系统[19]。

（3）MapReduce 的应用

在诸多大数据计算模式中，属于批处理的 MapReduce 技术具有拓展性和可用性，对于新信息时代海量且种类繁多的数据来说更为适合，因此目前工业界及 IT 界通常采用 MapReduce 技术。

分布式计算框架 MapReduce（图 5-3）是 Hadoop 的海量数据处理的并行编程计算框架，运行在 HDFS 上，能够处理最高达 PB 级别的数据。MapReduce 计算模型在 2004 年由 Google 的 Jeffrey Dean 和 Sanjey Ghemawat 提出[17]，并且在 ACM 等学术期刊转载。MapReduce 采用“分而治之”的思想，通过将一个大任务分解成一系列小且简单的任务分发到平台各计算节点进行并行计算，最后将各计算节点得到的结果汇总得到最终结果，如此便实现了在更短时间内对海量数据进行复杂的并行计算[21]。

Hadoop MapReduce 采用 Maste/Slave 架构，其构成成分有 Client、JobTracker、TaskTracker 和 Task。在 MapReduce 的 shuffle 过程中，map 的输出结果会被哈希函数按照 key 值划分为和 reduce 相同的数量，如此可以保证一定范围内的 key 由某个 reduce 处理。在 shuffle 过程前，存在一个类似于 reduce 过程的 combine。与 reduce 不同的是 combine 是为了减少 reduce 的任务量和数据传输量在 shuffle 之前进行的一个合并[18]，而 reduce 是对所有节点的 map 进行汇总。

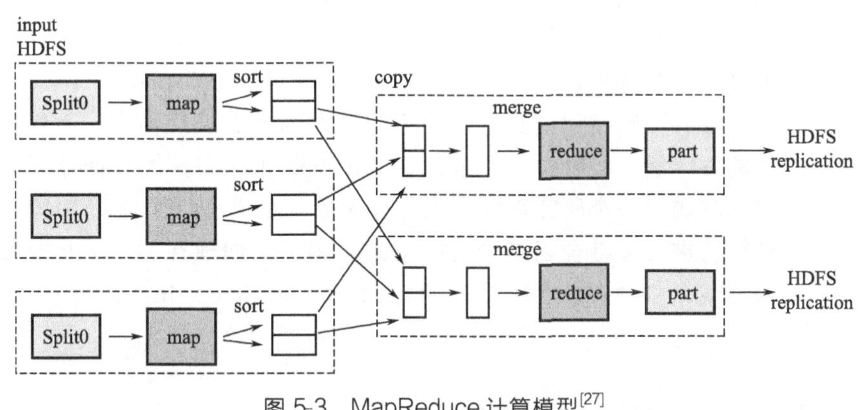

图 5-3 MapReduce 计算模型[27]

对于系统来说并不是 map 的个数越多数据处理速度就越快。由于 map 个数与 split 相同，split 划分的公式为：

$$Splitsize=max(minimumsize,min(maximumsize,blocksize))$$

式中，blocksize 默认为 64MB，minimumsize 是用户设定的分片最小值且不宜过小，maximumsize 是用户设定的分片最大值且不宜过大，因此一般默认 minimumsize 和 maximumsize 都等于 blocksize。对于海量小文件来说，可以调高 minimumsize 的大小，让多个小文件合并为一个 split，以此来防止过多的 map 占用过多的系统资源。

Spark 是一种与 Hadoop 相似的开源集群计算环境，其不仅拥有 MapReduce 的优点，而且 Spark 的 job 中间输出结果可以保存在内存中而无需读写 HDFS，因此 Spark 能更好地适用于数据挖掘与机器学习等需要迭代的 MapReduce 算法。在容错性方面，Spark 数据以弹性分布式数据集（RDD）的形式存在，通过 Lineage 获取足够的信息来重新运算和恢复丢失的数据分区，以此保证 Spark 计算框架的容错性。

目前工业大数据对计算的需要主要分为实时计算和离线计算。以 MapReduce 为代表的大数据批处理计算技术常应用于工业大数据的离线计算和处理。相比于传统技术，MapReduce 的低成本、高可靠性、高拓展性特点降低了大数据计算分析的门槛。例如在欧洲，智能电网已经做到了终端——智能电表，通过对电网每隔 5min 收集到的历史总数据进行离线大数据并行处理计算以及分析，可以预测出用户的用电习惯以帮助用户根据预测用电量预先购买电量。而以 Storm、Spark Streaming 为代表的大数据流计算技术则偏向于数据处理的实时性，提供了可靠的流数据处理，可以用于工业生产车间实时检测分析、分布式远程过程等。例如在通用电气的能源监测和诊断中心，通过对传感器从燃气轮机实时采集而来的燃气轮机数据（包括振动信号以及温度信号等）进行实时并行处理计算和分析，以此为根据可以支持故障诊断和预警[22]。

随着不断增加的数据量和不断扩大的数据处理需求，大数据计算框架的吞吐量、实时性和可拓展性也在不断地提高，大数据计算方面的研究也将成为一个研究热点。在工业大数据的背景下，批处理计算和流式计算将进一步融合以减少框架维护开销。例如现在的 Spark 框架不仅支持离线的批处理计算，还能通过 Spark Streaming 进行在线的实时分析[23]。

5.2.4 大数据分析与挖掘

工业大数据分析与挖掘技术指的是在制造业中通过快速获取、分析、处理海量的制造业流程数据和多样化的生产数据，从而提取出其中有价值的信息，来帮助工业生产制订生产计划。工业大数据作为具有潜在价值的原始数据资产，只有通过深入分析才能挖掘出琐细的信息[22]。

对于大数据的分析挖掘过程可以从两个维度展开：一是从机器和计算机的维度出发，基于云计算通过高性能处理算法、统计分析、机器学习挖掘算法来对数据进行分析挖掘，这也是目前大数据分析挖掘的主流；二是从人的角度出发，强调以人为分析主体和需求主体，其中以大数据可视化最为常见。下面从这两个维度介绍常见的大数据分析与挖掘技术。

（1）从计算机的角度

在计算机维度方面，云计算可以为大数据分析处理提供平台。面对大数据时代传统数据挖掘存在的不足，云计算作为一种高拓展、高弹性、虚拟化的计算模式为大数据的存储能力及处理速度提供了动力支撑，其中分布式存储和分布式并行计算是云计算的核心技术。基于云计算，可以进行工业大数据的统计分析及数据挖掘等方面的探索研究[24]。

统计分析是基于数学领域的统计学原理，对数据进行收集、组织和解释的科学。对数据进行正确的分析已经成为工业大数据进行数据处理的重要步骤。基于 Hadoop 平台的 Hive 能提供简单的 SQL 查询功能，并能适应大数据时代海量数据的快速查询分析，十分适合数据仓库的统计分析[25]，如图 5-4 所示。

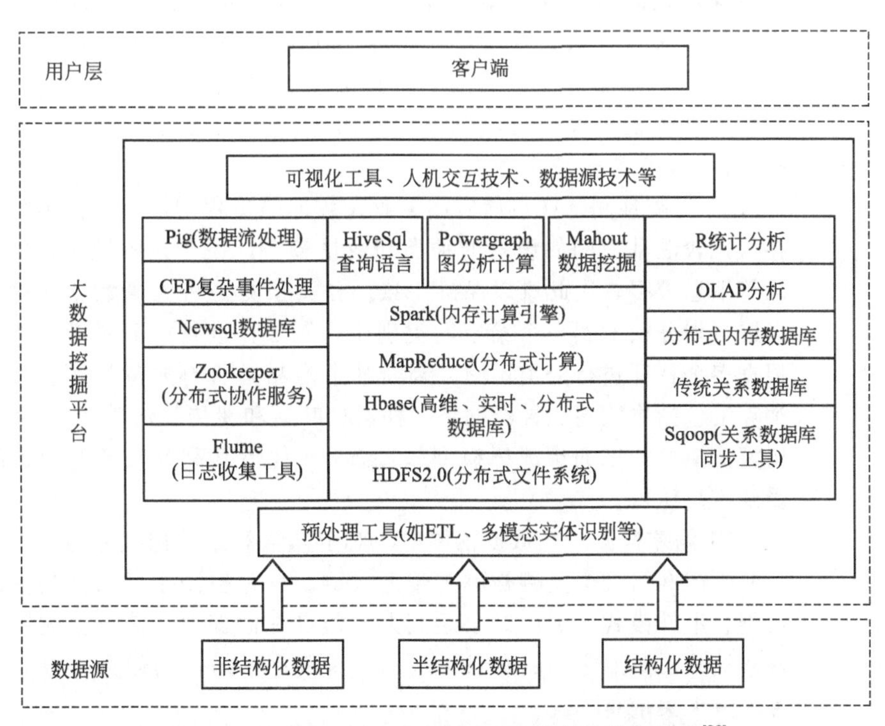

图 5-4 基于 Hadoop 平台融合多功能的大数据挖掘[26]

如果说统计分析是为了对数据进行组织、解释，那么数据挖掘便是为了挖掘潜在的、未知却有用的信息[27]。工业大数据挖掘技术可以通过算法对海量的、带噪声、不完整的工业数据资源进行探究，寻找隐藏在数据中的数据知识。目前主要的大数据挖掘技术包括关联分析、聚类分析、分类预测和偏差检测等[28]。

① 关联分析　工业大数据来自设计、制造和生产等多个环节，数据之间的关系比较密切，常见的关联关系包括简单关联关系、时序关联关系、设备-软件关联关系和日志操作关联关系等。例如在时序关联关系中，离群时序挖掘是通过算法从大量时序数据中找出明显偏离其他数据特征表现的数据，以此来检测设备运行是否正常，常用的算法有基于Apriori 的关联规则挖掘算法等。

② 聚类分析　在制造业领域中，聚类分析指的是将具有相似特征表现的数据归为一类，同一类的数据对象有较高的相似度。工业大数据大多是设备产生的数据，数据集缺乏详细描述信息，因此便可通过聚类分析将数据集分为多个簇，使同类数据保持较高相似性、不同类数据保持较高差异性。聚类算法大致可分为基于密度的聚类方法、基于划分的聚类方法、基于模型的聚类方法和基于层次的聚类方法。其中 K-means 是非常经典的基于距离的聚类算法，对象之间的距离越近则相似度也就越大，对象将被划分为距离其最近的一个簇中心所代表的簇。

③ 分类预测　在目前应用工业大数据的过程中，由于大多数数据保存得比较混乱，例如设备的种类和数量较多，关于设备维修、更换、记录等信息较多，因此难以保持一致。分类预测是将大量数据根据不同特点进行划分映射到一个给定的类别中。例如在进行产品质量检测时可以根据多个特征进行分类预测，判断某个产品是否有质量问题。常见的分类算法包括决策树、神经网络、朴素贝叶斯和遗传算法等[29]，而由决策树算法演变而来的集成树模型如 xgboost 凭借其高准确率和短训练时间受到广泛认可。

④ 偏差检测　在数据挖掘中，对于异常数据的挖掘尤为重要。例如工业生产网络安全监测被称为偏差检测。偏差检测主要指分类中的反常实例、里外模式、观测结果距离期望值存在的偏差。偏差检测用来寻找观察结果、参照之间的有意义差别，其最重要的作用便是可以有效过滤掉大量无关信息[30]。

(2) 从人的角度

从人的方面来说，大数据可视化同样是一种重要的大数据分析方法。

大数据可视化分析旨在利用计算机自动化分析能力的同时，充分挖掘人对于可视化信息的认知能力优势，将人和计算机的各自强项进行结合，借助人机交互分析方式辅助人类更为直观和高效地洞悉隐藏在大数据背后的信息。

数据可视化出现在20世纪50年代，典型的例子是利用计算机创造出了图形图表。目前，数据可视化包括科学可视化和信息可视化。传统的可视化算法应用在小规模计算机集群中，计算节点最多可达到几百个，然而工业大数据的数据量往往是TB甚至是PB的，因此大数据可视化分析通常应用高性能计算机群、处理数据存储与管理的高性能数据库组件及云端服务器和提供人机交互界面的桌面计算机。

传统数据挖掘的展示适于数据量较小且关系比较简单的数据结果集，主要以文件、报表及少数可视化图形（如ROC图、饼状图等形式）来反映模型效果性能和挖掘信息。但面对多维、海量、动态的工业大数据，由于I/O限制、拓展性不强等因素导致可视化效果不佳。而大数据的展示则是以人机交互的可视化方式将复杂的大数据以图像等形式进行直观解释，并加上自动的可视化分析来帮助用户更好地理解数据[31]。例如反映工业生产数据历史变化的历史流图和空间信息流等，主要基于并行算法技术实现。

5.3 工业大数据与智能制造

近年来，物联网、云计算、人工智能等技术的发展推动着工业界走向新的变革。智能制造时代的到来，也意味着工业大数据时代的到来。在制造业转向智能制造的过程中，将催生工业大数据的广泛应用。同时，工业大数据技术也将推动智能制造的进步和发展。本节将介绍工业大数据标准、大数据的工业应用、大数据构成新一代智能工厂以及智能制造中的大数据安全。

5.3.1 工业大数据标准

工业大数据标准体系由基础标准、数据处理标准、数据管理标准和应用服务标准四部分组成，工业大数据标准体系框架如图5-5所示。

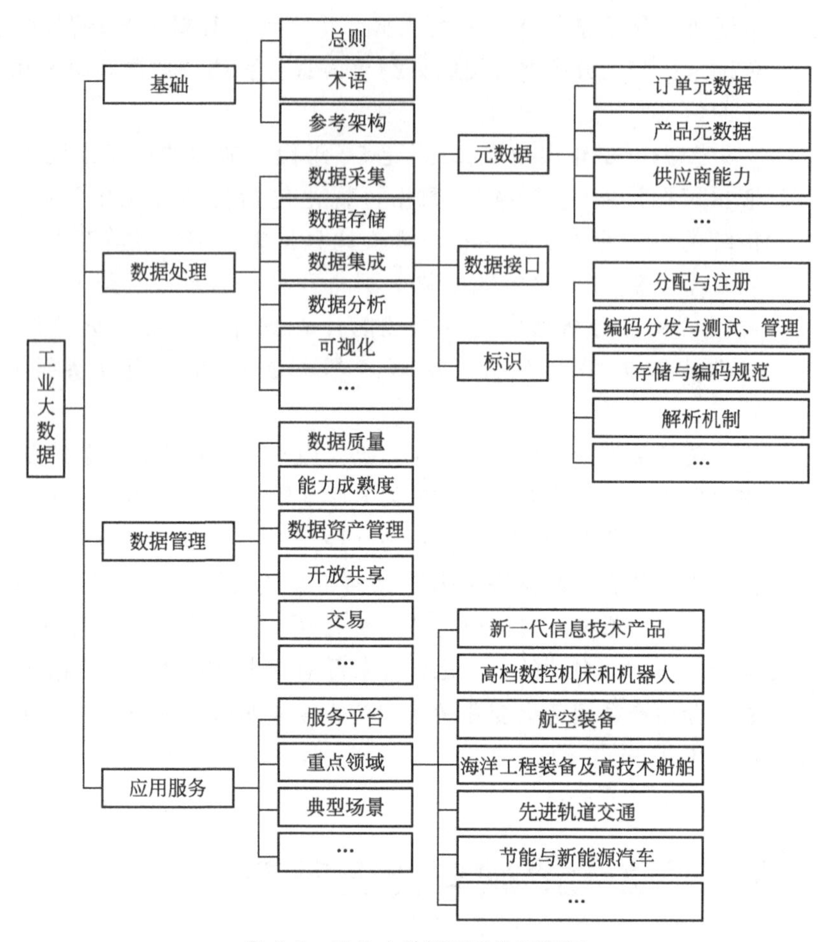

图 5-5　工业大数据标准体系框架

（1）基础标准

基础标准主要为整个标准体系提供总则、术语、参考框架等基础性标准。其中，术语主要用于对工业大数据领域的常用术语进行规范和统一，参考框架则给出了工业大数据的基础架构和研究范围。

（2）数据处理标准[32]

数据处理标准用于规范工业大数据的数据处理相关技术，主要包括数据采集、数据存储、数据集成、数据分析和数据可视化五类标准。数据采集包括传感器以及传感网络等标准，确定感知和传感技术在工业领域的应用规范。数据存储包括关系型、非结构化等数据存储标准，将数据存储的需求、定义方法、格式要求、存储实现技术等进行标准化定义。数据集成旨在通过元数据定义通用对象实体的数据内容和格式，主要用于解决产品全生命周期数据的一致共享问题其中数据交换方式由数据接口标准进行规范，工业内实体对象分类和关键数据由标识标准进行唯一ID标识，从而保证内外部标识、检索和追溯的一致性。数据分析标准主要包括对数据建模技术、通用分析算法、工业领域专用算法等技术的规范。数据可视化标准旨在规范工业数据处理应用过程中所需的数据可视化展现工具的技术和功能要求。

（3）数据管理标准

数据管理标准主要用于规范工业大数据的数据管理相关技术，包括工业大数据的能力成熟度、数据资产管理、数据质量、数据开放共享和交易等。其中能力成熟度标准对工业数据过程能力的改进框架进行规范。数据资产管理标准能够给出工业数据的需求定义和实施规范，在使用数据资产的过程中进行认证、授权、访问和审计规范，包括数据架构管理、数据操作管理、数据安全、数据开发等标准。数据质量标准包括定义业务需求、数据质量检测、质量评价、数据溯源等标准，主要为工业数据质量制定相应的规范参数和指标要求，以确保工业数据在产生、存储、交换和使用等各个环节中的数据质量。数据开放共享标准主要对要向第三方共享的开放数据中的内容、格式等进行规范。

（4）应用服务标准

应用服务标准主要对工业数据应用平台确定应用和实施规范，包括重点领域、服务平台和典型场景应用数据三类标准。重点领域标准是指在各个重点领域中根据其特性产生的专用数据标准，主要有十大重点领域：新一代信息技术产业、高档数控机床和机器人、航空航天装备、海洋工程装备及高技术船舶、先进轨道交通装备、节能与新能源汽车、电力设备、农机装备、新材料、生物医药及高性能医疗器械。服务平台标准包括工业数据平台标准和测试标准两个方面，其中工业数据平台针对大数据存储、处理、分析系统规范其技术架构、建设方案、平台接口、管理维护等方面。典型的应用场景标准是指针对于在各应用场景所产生的专用数据标准。

5.3.2 大数据的工业应用

自工业大数据被提出以来，各个部门和研究院不断开展工业大数据的相关研究，提出多项标准并制定专项规范，相关成果不断在各地推广应用。在工业中，大数据主要应用在企业研发设计、复杂生产过程、产品需求预测、工业供应链优化、工业绿色发展等环节。

（1）企业研发设计中的应用

工业大数据在研发设计方面主要用于提高研发人员的创新能力、效率与质量，具体情况可以分为基于模型和仿真的研发设计、基于产品生命周期的设计和融合消费者反馈的设计三个方面。

基于模型的研发设计，一般从概念设计就以数字化模型为载体，在设计阶段对历史数据信息进行采集、整理、分析，构建全方位的产品数据模型，也可根据具体情况对产品模型进行修改和完善，将最终的方案数据通过生产设备进行产品制作。而基于仿真的研发设计，产品的设计信息会附着在产品数据模型上，产品模型一经修改，设计信息就会发生变化，改变的内容会传递到分析测试模型、生产模型、工程图等其他模型。如果基于虚拟仿真平台，则可以存储技术知识和产品开发过程中所需的数据，从而为产品研发设计提供精确的科学依据，对产品进行综合的验证，通过数字化模型的虚拟现实技术及早发现缺陷，从而克服以往静态、依赖设计师经验的缺点。

基于产品生命周期的设计涉及广泛的知识领域，要综合考虑环境、功能、成本、美学等设计准则，有远程监控数据、能耗数据、故障维修数据、生产加工数据等多个来源。如果运用大数据分析、检索等大数据相关技术可以将产品生命周期设计中所需的大数据与其他设计过程集成，以高度有序化的方式展示产品生命周期设计，使得产品生命周期大数据在设计过程中得到有效的应用，并被评价和推荐，便于集成技术人员在设计中产生的新知识，进一步丰富产品设计大数据。

在融合消费者反馈的设计中，可以利用工业数据平台获取消费者、市场等数据信息，包括产品反馈、市场需求和消费者习惯等信息，使生产者和消费者之间的“信息黏性”降低，并可以通过这些关联数据信息，利用大数据挖掘分析技术，根据相关性去匹配产品需求、细化客户类型、分析兴趣爱好，针对客户喜好不断改进产品的功能和款式。除此之外，消费者还可以和大数据平台进行交互，自行定制产品、配置工具，从而更直接、深入地参与到产品创新设计的过程中。

（2）复杂生产过程中的应用

在工业物联网的生产线上，通过安装大量的传感器设备，利用实时采集到的数据实现多种形式的分析，包括设备诊断、用电量分析、能耗分析、质量事故分析等。首先，在生产过程中使用大数据可以分析整个生产流程，了解每个环节的执行过程，一旦某个流程发生了偏离就会发出报警信号，从而快速发现错误位置并解决。同时，利用大数据技术还可以虚拟建模出整个工业产品的生产过程，仿真并优化生产流程，当在系统中能够重建所有流程和绩效数据时，有助于制造企业更方便地改进生产流程。再者，利用传感器集中监控生产中的所有生产流程，能够很容易地发现能耗的异常或者峰值，从而对生产过程中的能耗进行优化，降低能耗。此外，还可以基于MES等系统对生产线进行智能化升级，通过读取与交互信息，结合自动化设备，促使制造自动化、流程智能化。而且，大数据分析还可以帮助解决生产线平衡和瓶颈问题，以最大化产能、最优化排程以及最小化库存和成本。

在生产质量控制方面，重点解决质量分析问题和质量预测问题。对于订单、机器、工艺、计划等生产历史数据、实时数据及相关生产优化仿真数据，可以利用工业大数据技术，通过聚类等数据挖掘方法和预测机制建立多类生产优化模型，挖掘产品质量特性和关键工艺参数之间的关联规则，为线上工序质量控制、工艺参数优化提供指导性意见。此外，还可以基于质量特征值跟踪制品质量，建立关于工位节点设备、人员、工艺、物料等动态实时信息的多维模拟视图，分析制品质量的缺陷分布规律，为以后的质量跟踪提供依据。

工业大数据使工业生产计划与排程更加智能可靠。在多品种小批量的生产模式下，数据的精细化自动及时采集和多变性会导致数据数量急剧增加，从而给予企业更详细的数据信息，对预测信息与实际信息进行纠正，并考虑产能、物料、人员、模具等约束，通过智能化算法进行优化，制订预计划排程，并根据实时情况动态调整计划。

（3）在产品需求预测中的应用

首先利用互联网爬虫技术、Web服务等不同技术广泛获取互联网相关数据、企业内部数据、用户行为数据等，对用户的喜好、需求进行统计分析，通过消费人群的需求变化和关注点进行产品的功能、性能调整，设计出更加符合核心需要的新产品，为企业提供更多的潜在销售机会。而且，还可以将人群进行智能分组，针对不同的人群推送特定的产品。

（4）在工业供应链优化中的应用

在工业供应链中，可以通过全产业链的信息整合，使得整个生产系统协同优化，让生产系统更加动态灵活，提高生产效率并降低生产成本，主要用于工业供应链配送体系优化和用户需求快速响应。

工业供应链配送体系优化的主要手段是通过RFID等产品电子标识、

物联网、移动互联网等技术获得完整的产品供应链大数据，然后通过获取的数据准确分析和预测全球不同区域的需求，进而调节和改善配送和仓储的效率。若有故障发生，可以根据传感器获取的数据，分析产品故障部分，确认替换配件需求，从而确定何处以及何时需要零件，这会极大地提高产品时效性、减少库存、优化供应链。

用户需求快速响应也就是利用大数据分析技术，分析和预测实时需求，缩短用户需求响应时间，增强用户体验。

（5）在工业绿色发展中的应用

工业绿色发展的目标是使产品在设计、制造、使用和报废的整个生命周期中能源消耗最低、环境污染最小甚至不产生环境污染。因此，在工业绿色发展体系中特别强调处理与资源消耗、环境污染等有关的信息，系统将这些信息与制造系统的信息流有机结合，统一优化处理。新一代信息技术通过监控和管理产品的配方、工艺、制造、运输、使用、报废的全过程，充分采集产品数据信息，加以数据分析、挖掘技术，为工业绿色发展奠定了很好的基础。

5.3.3 大数据构成新一代智能工厂

工业大数据是智能制造中的关键技术，为打通物理世界和信息世界、推动生产型制造转向服务型制造发挥着十分重要的作用。工业大数据在新一代智能工厂中有着十分广泛的应用，包括从产品市场获取需求、研发产品、制造产品、系统运行、服务等阶段到产品报废回收的整个产品生命周期，如图 5-6 所示。智能化设计、智能化生产、网络化协同制造、智能化服务、个性化定制等场景都离不开工业大数据。

在智能化设计中，可以利用大数据技术分析产品数据，从而实现自动化设计和数字化仿真优化；在智能化生产中，工业大数据技术可以实现人机智能交互、工业机器人、制造工艺的仿真优化、数字化控制、状态监测等生产制造的应用，提高生产故障预测准确率，综合优化生产效率；在网络化协同制造中，工业大数据技术可以实现产品全生命周期管理、客户关系管理、供应链管理、产供销一体等智能管理的应用，通过设备联网与智能控制，达到过程协同与透明化；在智能化服务中，工业大数据通过采集、分析和优化产品运行及使用数据，可以实现产品智能化以及远程维修；工业大数据可以实现智能化检测监管危险化学品、食品、印染、稀土、农药等重点行业应用；在以个性化定制为代表的典型智能制造模式下，可以通过工业大数据的全流程建模，对数据源进行集成贯通。

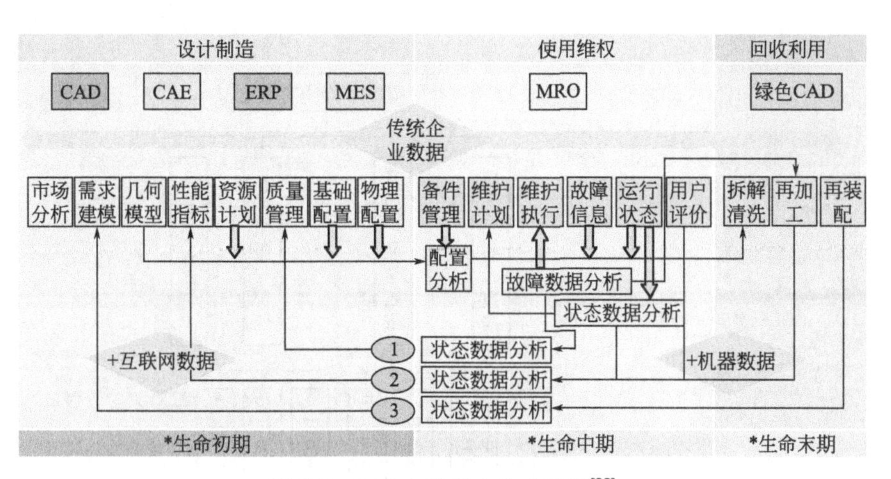

图 5-6 工业大数据全生命周期[33]

作为智能制造标准体系五大关键技术之一，工业大数据在智能制造标准体系结构中的位置如图 5-7 所示。

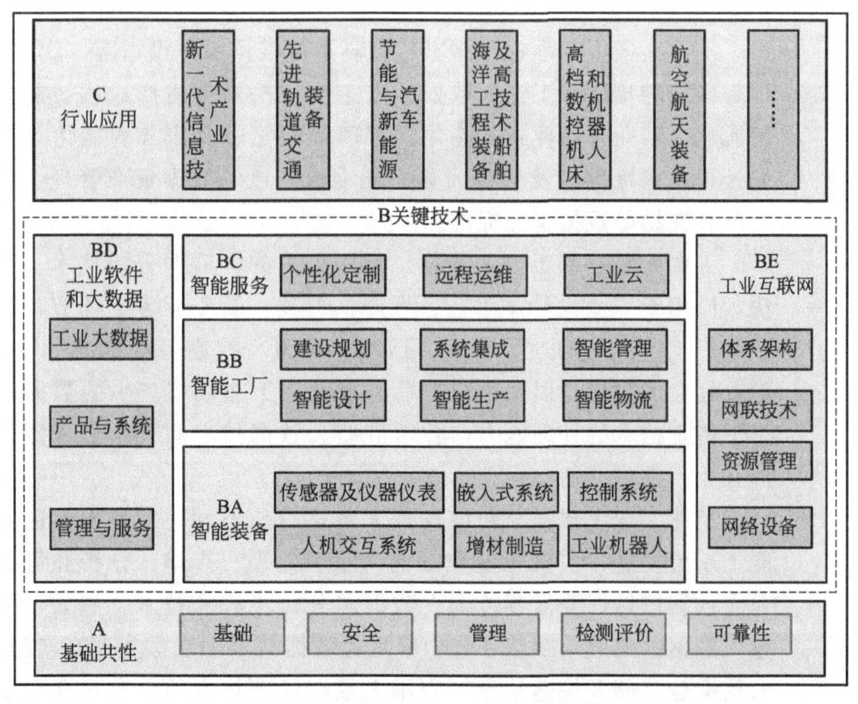

图 5-7 智能制造标准体系结构[34]

其中，工业软件和大数据部分构成如图 5-8 所示。

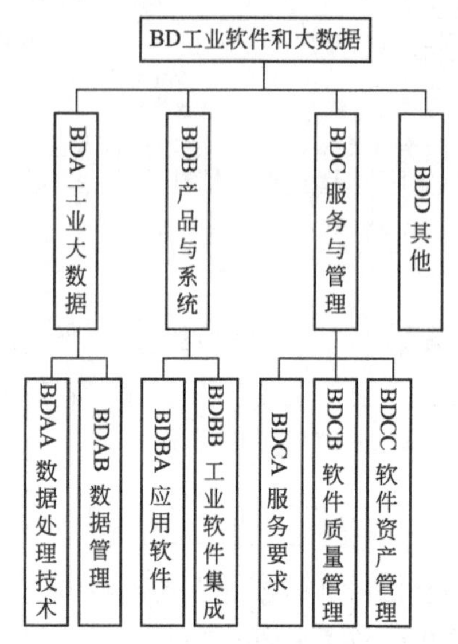

图 5-8 工业软件和大数据部分构成图[34]

工业大数据标准在《国家智能制造标准体系建设指南（2015 年版）》中有详细的描述：工业大数据标准主要包括面向生产过程智能化、产品智能化、新业态新模式智能化、管理智能化以及服务智能化等领域的数据处理技术标准以及数据质量、能力成熟度、数据资产管理、数据开放共享和交易等数据管理标准。

工业大数据基于工业数据，运用先进的大数据分析技术、工具和方法，应用于工业设计、工艺、生产、管理、服务等各个环节，赋予工业系统、工业产品描述、诊断、预测、决策、控制等智能化的功能模式。随着社会的发展，以及用户需求的提升，工业领域产生的数据量已经超过了传统技术的处理能力，必须借助大数据技术和方法处理数据，从而提升生产效率。

虽然工业大数据与传统商务大数据有所不同，但是要促进新一代智能工厂的发展，实现工业数据的采集、处理、存储、分析和可视化，工业大数据依然需要借鉴传统大数据的分析流程和技术。例如，可以在工业大数据的集成与存储环节中应用大数据技术，支撑实现高实时性采集、大数据量存储及快速检索。应用大数据处理技术的分布式高性能计算能力，可以为海量数据的查询检索、算法处理提供性能保障。另外，在工业制造过程中可以借鉴大数据的治理机制对工业数据资产进行有效治理，产生高质量的工业大数据。

5.3.4 智能制造中的大数据安全

（1）网络安全

在大数据环境下，企业或者事业单位一定要加强对计算机网络的监管力度，提升防范能力，对网络安全给予高度重视。首先，应该加强对网络安全知识的教育和宣传工作，引导公众正视网络安全，从个人信息做起，增强个人的保护意识。其次，需要制定相关的规章制度，将网络管理进行合理的流程化，构建出系统化程序。再次，要提高对网络的认识，避免错误操作带来的危险。最后，要及时发现并修补计算机漏洞，加强预防能力，维护防火墙的合理设置。

（2）系统安全

通常情况下，系统安全和系统性能与功能是一对矛盾体。在获得系统安全的同时，必然会牺牲一定的系统性能与功能。如果把系统与外界完全隔离，外界不可能对此系统有任何的安全威胁，但是系统也无法连入外界网络获取需要的信息。

为了实现系统安全，就需要进行认证、加密、监听等一系列工作，由此会对系统效率产生一定影响，还会产生额外的开销，影响系统灵活性。但是系统的安全危险是实际存在的，因此必须构建完整的安全体系。

完整的安全体系主要包括以下几个。

① 访问控制　通过对特定的网段和服务建立访问控制体系，防患于未然，把安全隐患挡在门外。

② 系统检查　定期对系统进行安全检查，弥补安全漏洞，防止不法分子利用漏洞进行攻击。

③ 系统监控　对特定网段和服务建立攻击监控体系，如果监测到攻击行为，便通过断开网络等行为进行防护，并对其进行记录、跟踪。

④ 系统加密　对系统构建完善的加密体系，并对密钥进行定期更改，防止攻击者破解并侵入。

⑤ 用户认证　构建完善可靠的用户认证体系，防止攻击者假冒合法用户。

⑥ 备份与恢复　构建良好的备份与恢复机制，在攻击造成损失之后，能够尽快恢复数据和系统服务。

（3）数据安全

在大数据环境下，为了保护数据信息，智能制造管理应该有以下特性。

① 保密性　数据信息不能泄露给非授权用户、实体或过程，不能被其利用。

② 完整性　数据信息在存储或传输过程中需要保持不变，不能被破坏与丢失，也就是在非授权情况下不能更改数据信息。

③ 可用性　可以被授权用户或实体访问与使用。在网络环境下拒绝网络或系统对于授权用户进行阻碍或者攻击。

④ 可控性　对于网络上数据信息的内容及传播过程具有控制能力。

⑤ 可审查性　如果出现安全问题能够及时提供依据并进行责任追究。

从网络运行和管理者角度看，本地网络数据的访问和读取等操作需要进行保护和控制，避免不法分子利用病毒等手段非法占用或者控制数据信息。因此企业需要对数据进行严密的监管，以免造成不必要的损失。

参考文献

[1] 王建民. 工业大数据技术. 电信网技术，2016,（8）: 1-5.

[2] 何友. 工业大数据及其应用[技术报告], 2018.

[3] J. Yan，Y. Meng，L. Lu，et al. Industrial Big Data in an Industry 4. 0 Environment: Challenges，Schemes，and Applications for Predictive Maintenance. IEEE Access，2017，5: 23484-23491.

[4] 郑树泉，覃海焕，王倩. 工业大数据技术与架构. Big Data Research，2017，2（4）: 67.

[5] 谢涛，刘耕源. 工业能源环境大数据：发展历史与关键技术. 北京：2016 全国环境信息技术与应用交流大会，2016.

[6] 高韵，李成. 工业大数据助力两化融合：挑战、机遇与未来. 现代工业经济和信息化，2018，6（1）: 42.

[7] 谢青松. 面向工业大数据的数据采集系统[D]. 武汉：华中科技大学，2016.

[8] 段莉. 数据采集技术分析. 互联网天地，2016，5（12）: 86.

[9] 李明皓，刘晓伟，于杨，等. 大数据物联网信息交互与数据感知. 机械设计与制造，2017，6（11）: 263.

[10] 向世静. 大数据关键技术及发展. 软件导刊，2016，2（10）: 23.

[11] 王敏. 制造业大数据分布式存储管理[D]. 武汉：武汉大学，2017.

[12] 张鹏远. 大数据分类存储及检索方法研究

[D]. 西安：西安电子科技大学，2014.
[13] 杨俊杰，廖卓凡，冯超超. 大数据存储架构和算法研究综述. 计算机应用，2016，4(9)：2465.
[14] 郝行军. 物联网大数据存储与管理技术研究[D]. 合肥：中国科学技术大学，2017.
[15] 章超. 千亿级智能交通大数据存储与检索系统的研究[D]. 杭州：杭州电子科技大学，2017.
[16] 程豪. 基于 Hadoop 的交通大数据计算应用研究[D]. 西安：长安大学，2014.
[17] 张滨. 基于 MapReduce 大数据并行处理的若干关键技术研究[D]. 上海：东华大学，2017.
[18] 查礼. 基于 Hadoop 的大数据计算技术. 科研信息化技术与应用，2012，2(6)：26.
[19] 顾荣. 大数据处理技术与系统研究[D]. 南京：南京大学，2016.
[20] 郑纬民. 从系统角度审视大数据计算. FOCUS 聚焦，2015，2(1)：17.
[21] 赵晟，姜进磊. 典型大数据计算框架分析. 中兴通讯技术，2016，1(2)：14.
[22] 梁楠，李磊明. 大数据技术在工业领域的应用综述. 电子世界，2016. 5(17)：8.
[23] 周国亮，朱永利，王桂兰，等. 实时大数据处理技术在状态监测领域中的应用. 电工技术学报，2014，3(S1)：432.
[24] 蔡锦胜. 基于云计算的大数据分析技术及应用. 电脑编程技巧与维护，2017，5(12)：53.
[25] 邵心玥. 浅谈大数据时代的数据分析与挖掘. 数字通信世界，2017，5(7)：103.
[26] 邓仲华，刘伟伟，陆颖隽. 基于云计算的大数据挖掘内涵及解决方案研究. 情报理论与实践，2015，4(7)：103.
[27] 袁红，朱睿琪. 用户信息搜索行为大数据分析框架及其关键技术. 图书馆学研究，2016，5(24)：39.
[28] 许宁. 基于大数据的数据挖掘技术在工业信息化中的应用探究. 现代工业经济和信息化，2017，6(22)：50.
[29] 李敏波，王海鹏，陈松奎，等. 工业大数据分析技术与轮胎销售数据预测. 计算机工程与应用，2017，3(11)：100.
[30] 章红波. 工业大数据挖掘分析及应用前景研究. 科技创新与应用，2016，1(24)：90.
[31] 陈明. 大数据可视化分析. 计算机教育，2015，6(5)：94.
[32] DAMA International. DAMA 数据管理知识体系指南. 马欢，刘晨，等译. 北京：清华大学出版社，2012.
[33] 王建民. 智能制造基础之工业大数据. 机器人产业，2015(3)：46-51.
[34] 大数据系列报告之一：工业大数据白皮书. 中国电子标准化研究院，全国信息技术标准化技术委员会大数据标准工作组，2017.

第6章

智能制造中的手机制造

制造业是实体经济的支柱，也是一个国家经济增长的基础。目前全球制造业正在重塑，并再次成为全球经济竞争的制高点。各制造大国纷纷启动再工业化战略，加速传统产业升级，重点发展人工智能和数字制造等领域，大力发展智能制造。

经过几十年的发展，中国制造业拥有着独立完整的工业体系，形成了工业化和信息化两化融合的智能化制造理念。打造中国制造新优势，实现由制造大国向制造强国的转变，对我国新时期的经济发展最为重要，也最为迫切。

智能制造贯穿于生产、制造、服务等各个方面，与传统的生产方式完全不同。因此，它带来的生产方式转变热潮也将带来就业形势和员工结构的转变，将会产生一大批新的就业岗位。麦肯锡预测："在自动化发展迅速的情况下，到 2030 年，全球 8 亿人口的工作岗位将被机器取代，同时新的就业岗位将被创造出来。"随着智能制造业的发展，制造业不断产业升级，对员工及其技能的需求随之改变，就业形势也将发生重大变化。因此人们需要学习新技能，以适应新的就业形势，避免被飞速发展的时代所淘汰。全球智能制造是不可避免的趋势，未来所有行业都将被卷入，有的行业将脱颖而出，而那些无法跟上变化的旧行业将被无情地淘汰在历史的浪潮中。

6.1 智能制造主要内容

智能制造在产品全生命周期过程中，以 CPS 为基础，在新一代自动化技术、传感技术、智能技术、网络技术的基础上，通过智能手段达到智能化感知、交互、执行，实现制造装备和制造过程智能化。智能制造可以分为智能工厂、智能装备、互联互通和端到端数据流四个主要内容。

6.1.1 智能工厂

工厂智能化不仅限于将生产过程监控、质量在线监控、物料自动配送等生产过程智能化，它还涵盖了企业的整体设计、人事系统、财务系统、销售系统、调度系统等方面的智能化。利用 CPS 将现实中的设备与虚拟空间相连，使各设备间能进行通信、协同作业，使生产模式由传统的集中式往分布式转变，每个设备都具有自己的"思想"，可以进行通信与决策。智能工厂主要有以下特点。

a. 系统可以通过感知技术收集、了解和分析各种信息来自动规划系统的运行。

b. 结合信号处理、仿真以及各种多媒体技术，可以实现制造可视化，能够更加直观地将整个设计与制造过程显示出来。

c. 系统可以根据各组所承担的工作任务自动调整系统结构，以达到最佳执行效果。

d. 系统具有自主计算学习能力，可以不断补充和更新数据库中的数据以提高系统性能，同时可以自动诊断和修复故障，具有很强的稳定性。

e. 人与系统各有所长，可以相辅相成，取得一加一明显大于二的效果。

6.1.2 智能装备

要实现智能制造，工具软件和智能制造设备必不可少。主要分为以下几种类型。

① 计算机辅助工具　如计算机辅助设计（CAD)、计算机辅助工程(CAE)、计算机辅助工艺设计（CAPP)、计算机辅助制造（CAM)、计算机辅助测试（CAT）等。

② 计算机仿真工具　如物流仿真、工程物理仿真、工艺仿真等。

③ 生产管理系统　如企业资源计划（ERP)、制造执行系统(MES)、产品全生命周期管理（PLM）及产品数据管理（PDM）等。

④ 智能设备　如 3D 打印机、智能传感与控制装备、智能检测与装配装备、智能物流与仓储装备等。

6.1.3 互联互通

要实现智能工厂生产资源动态配置，首先要实现各个生产线、车间、部门之间的交互，并且要求它们能够在接收各方信息之后在本地进行信息的处理分析和优化，最后进行决策。因此作为构建物联网基础的 CPS 是我们的首要研究点。

CPS 的作用是使网络互联和互通，其本质上是信息传输、分析和使用的实现。它可以使不同物理层分布的不同类型的系统和设备通过网络进行连接，从而进行信息的共享，对所传输信息进行一致的接收、解析并进行进一步的分析，以获取所需的生产相关信息。

6.1.4 端到端数据流

智能制造的目的之一是通过设备的集成以及网络的互通互联，打破以往业务流程与过程控制流程互不交互、无法获取其他设备的信息、产生无数信息孤岛、生产效率低下的僵局。通过制造智能化，底层的生产数据可以传输到上层网络，从而实现对生产现场的实时监控，对生产调度以及资源配置进行实时的调整。其中端到端的数据流包括控制设备与监视设备之间的数据流、现场设备与控制设备之间的数据流、监视设备和 MES/ERP 系统之间的数据流、MES/ERP 系统之间的数据流等。

6.2 手机制造智能化趋势

在手机制造业中引入智能制造，有着非常广阔的应用前景，主要需考虑以下三个方面。

（1）提升产品收益

在目前的手机制造过程中，依靠手工作业的工序还有很多，其中部分环节操作比较复杂，自动化程度低，人工成本占制造成本的比例很高。随着劳动力成本的不断升高，产品制造成本也随之飙升。

手机制造的过程相对复杂，全面实现自动化的难度十分大，智能制造改造进程缓慢。为了加速改造进程，企业应专注于信息化、智能化的装备，以减少企业劳动力成本、硬件成本，提升综合税后净利率。

（2）提升产品品质

由于手机中的零件多种多样，对生产制造有着非常高的精度要求。在传统的依靠手工制造的手机制造过程中，工人很难始终将产品质量、精度维持在一个固定的水平上，导致产品的品质浮动较大，容易出现瑕疵产品。同时，传统的制造方式对员工的技术、素质、熟练度等都有着极高的依赖性，不同的员工制造出的产品往往在品质上有着一定的差别，因此熟练工非常重要。

若引入智能制造生产系统，将能够排除人为因素的干扰，使得产品质量能够稳定下来，将误差控制在可接受的范围内。

（3）紧跟市场变化，适应市场需求

企业要想在众多竞争者中脱颖而出，必须不断地根据持续变化的市场需求推出新的产品，能够快速满足不同消费者的不同需求。但是由于手机制造过程比较复杂，工人技术培训、提高需要极高的学习成本及时间成本，导致企业往往无法及时响应市场需求，推出具备竞争力的新产品。

如果企业引入了智能制造系统，提高生产线的智能化程度，那么在提出新的设计、生产方案时，生产线能很快地根据方案进行调整，能够将手机从设计、研发到实际生产出来的时间压缩到几个月内，从而满足消费者不断变化的需求，让企业紧跟市场变化。

6.3 智能制造与手机测试

从主板制作到最终组装成一部手机的过程中，需要经过许多道复杂的工序，将上千种电子元器件组装起来。所以在手机面市前都会经过一系列测试过程，测试技术承担的是查漏补缺的责任，是手机正式上市前的最后一次把关。手机的测试内容一般包括元器件检测、板测、校准、综合测试、功能测试和一致性测试等。

手机测试的第一步是对各元器件进行检测，检测元器件合格才能进行下一步测试。随着电子元器件的精细化、复杂化，对手机制造业的出厂检测技术提出了更高要求。某个元件的一个小瑕疵、小问题，就有可能给整个产品带来致命性伤害，给消费者及厂家带来极大损失。因此测试测量技术的发展是减少产品瑕疵、保证良品率的强力支撑。

常见的印制电路板装配板（PCBA）的测试技术包括手工视觉检查（Manual Visual Inspection，MVI）、自动光学测试（Automated Optical Inspection，AOI）等。根据数据分析，对于PCB的检测，一台在线AOI设备至少可以代替4～5人的工作量，且状态稳定，工作时间长，不仅可以极大地节约人工成本，还能够大幅度提升检测效率。可以预见，在手机制造业转型升级的未来，传统的依靠人工对手机产品进行检测的方法必将被淘汰，使用精度高、纠错率高、成本低、可适应大规模生产的AOI自动检测设备是手机制造业的必然趋势。

校准测试主要包括发射机和接收机的射频指标校准。发射机校准包括自动功率控制（APC）校准、自动频率控制（AFC）、频率补偿校准、温度补偿校准等。接收机校准包括自动增益控制（AGC）、校准、接收功率校准等。APC通过对终端发射功率的测试，与期望值比对，从而通过调整控制信号实现功率的校准。AFC设置手机发射特定的信号频率，通过测试频率与期望频率的偏差，调整手机的发射频率。手机接收到的信号动态范围较大，AGC 的作用是保持采样信号的幅度维持在一定范围内，提高解调精度。此外温度的补偿、接收功率的校准都需要进行。

与校准测试关注板级的频率、功率和增益等基本信号级指标不同，手机综合测试是对整机的通信性能进行全面的测试。不但包括频率、功率和增益类的测试，还包括调制信号质量、相位和射频性能等测试内容。因此，手机综合测试是手机测试众多环节中与通信性能最为密切的测试，也是体现终端制造能力的核心环节之一。

对手机进行功能测试的目的是检查手机功能是否正常，例如振铃、振动、键盘输入、音频环路、信号指示灯、显示器等的测试。对手机进行功能测试通常使用的仪器包括以下几种。

a. 使用可编程式恒温恒湿箱对手机进行高低温测试以及高湿度测试。测试时将手机放置在不同的温度中，检测是否会发生故障，以及手机能否抵抗人体出汗的情况。

b. 使用静电放电发生器对手机进行静电测试。

c. 使用盐雾试验箱测试手机抗人体汗液腐蚀的能力。

d. 使用落球冲击试验机对手机进行抗冲击能力测试。

e. 使用纸带耐磨试验机对手机进行耐磨性测试。

f. 使用按键寿命测试机对手机进行按键寿命测试，检测手机按键在大约三年使用时间内的可靠性。

g. 使用手机跌落测试机对手机进行抗摔性测试，检测手机从一定高度跌落时是否会受到损伤。

通过以上各种测试，可以对手机从板级到整机进行全方位检测。但是，通信网络的升级是演进的，而非革命性策略。虽然当前 4G 网络已经稳定商用，但是 2/3G 网络仍然在运行，支持七种通信模式（包括 TD-LTE Advanced、LTE FDD Advanced、TD-LTE、LTE FDD、WCDMA、TD-SCDMA、GSM 通信模式）甚至更多通信模式（如含 IS-95、CDMA2000 功能）的手机也是市场的主流。伴随着 5G 技术的演进，未来手机所需要支持的通信功能会越来越复杂，除了在工厂中进行生产测试外，手机芯片到整机研发不但需要针对通信功能进行测试，也需要针对生产制造的需求进行测试功能设计，从而使制造更智能、更高效。另外，一款手机在网络中运行，需要保证终端通信指标、通信行为与标准规定的一致性，这类通信功能的测试称为一致性测试。一致性测试除了需要进行射频测试外，还需要包含无线资源管理测试及协议测试等功能，这一部分内容将在下一节详述。

6.4 通信测试原理

通信测试全称信息通信测试，主要指伴随信息通信技术发展而兴起并日趋重要的一类细分技术领域。信息通信测试能够为新技术和新标准的创新提供关键环境，并支撑信息通信产业的全过程。

通信测试在国外得到了极大重视，并对相关地区的创新起着支撑作用。美、欧、日等自 20 世纪 50 年代开始对测试技术的研究工作，迅速形成了标准化、系列化、自动化的框架，发展出多种测试体系和方法论，并产生了多个优秀的测试企业，伴随着我国信息通信技术的高速发展，我国也拥有了一批以星河亮点为代表的非常有竞争力的测试仪器仪表公司，在我国主导的时分双工（Time Division Duplexing，TDD）3G 及 4G 技术发展过程中起到了关键作用。

信息通信测试是电子测试测量领域的一个子项。纯电子测量，指的是信号级别的测试，关注的指标包括功率、频谱等。通信测试需要基于协议功能，门槛高、难度大，而市场份额相对较小，但对通信技术的发展起着关键支撑作用。

电子测量仪器仪表分类如图 6-1 所示。

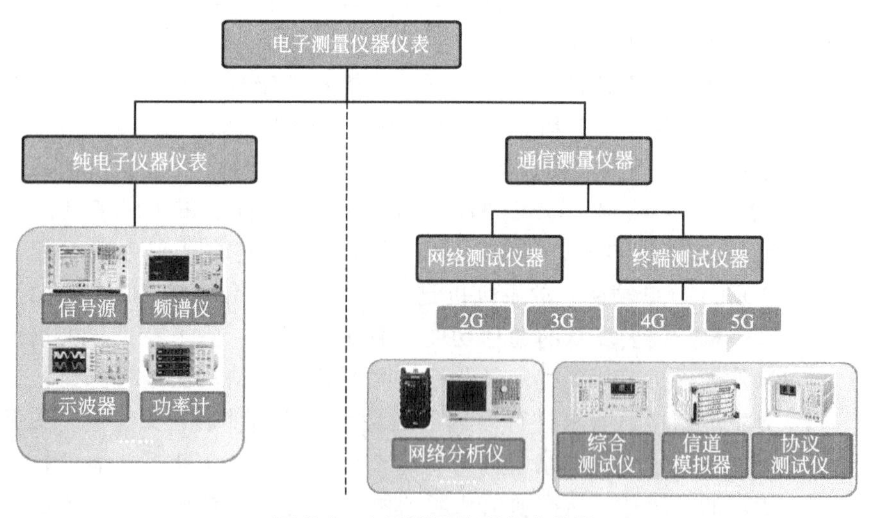

图 6-1 电子测量仪器仪表分类

通信测试一般指通过对通信节点及通信环境进行模拟的手段，构建测试验证所需的通信场景，然后在该场景下对被测对象进行测试验证，并分析测试结果，从而判定被测对象在真实环境中的指标、行为符合/不符合相关规范的要求。

通信测试分类如图 6-2 所示。在智能制造领域中，一般涉及其中的功能测试和性能测试。功能测试主要指对被测对象的功能、特性进行测试，一般以目标通信体制作为参考依据，测试被测对象的功能实现是否符合要求，相关消息的流程和参数是否严格按照标准进行，侧重于协议交互测试，例如协议一致性测试等。性能测试主要包含对性能类指标的测试，即测试结果可以通过数值或百分比进行评估，一般涉及各种物理量。

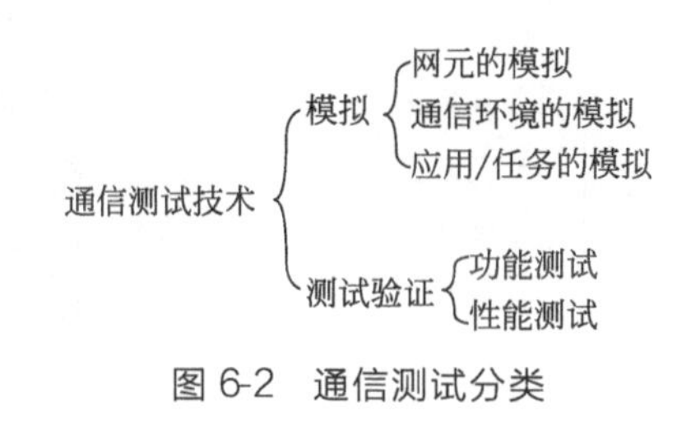

图 6-2 通信测试分类

6.4.1 射频测试

射频测试是无线通信系统测试中的一个重要方向，通过对各种外部指标的测试来验证被测设备的射频器件和相关算法性能是否达到设计的要求。手机生产线上的射频测试以对发射机、接收机的射频指标进行测试为主。研发阶段的射频测试除了通信频带内的射频指标外，还能够测试带外以及需要外部干扰源的测试项目，还可以进行性能的测试。

通常无线通信标准机构在发布通信技术要求标准的同时，也发布测试标准。如第三代合作伙伴计划（3rd Generation Partnership Project，3GPP）发布的 LTE 测试协议 3GPP TS36. 521-1[3]。对一个质量合格的终端芯片来说，需要在产生符合标准的有用信号的同时，控制杂散发射信号的功率水平；另外，还要在高效解调有用信号的同时，能够抵抗一定程度的干扰。

无线通信系统射频测试可以划分为三大类六小类测试方案，能够全面覆盖被测设备射频发射机和接收机性能，表 6-1 列举了典型射频测试例与测试目的。

表 6-1　射频测试分类

分类		测试例	测试目的
发射机特性测试	功率类	最大发射功率	过小的最大功率影响覆盖
		最小发射功率	过大的最小功率增加系统的总体干扰水平
		发射机关功率	发射机关闭时的辐射功率，影响系统的总体干扰水平
		功率开关时间模板	TDD 系统需将功率发射限制在一定的时间内，避免对相邻时间段内发射/接收的其他用户的干扰
		功率控制	不准确的功率发射将影响服务质量，提升系统总体干扰水平
	调制类	误差矢量幅度	发射信号的调制精确度
		频率误差	锁定载波参考频率的精确度
		相位误差	锁定载波参考相位的精确度
		直流偏移	限制直流分量
	频谱类	带宽占用	发射信号的 99% 能量带宽不超过系统分配的带宽
		邻道功率泄漏比	限制发射信号频谱落到相邻频带的功率
接收机特性测试	无干扰接收	参考灵敏度电平	检验接收机在覆盖边缘接收解调小功率信号能力
		最大输入电平	检验接收机在覆盖中心接收解调大功率信号的能力
性能测试	解调性能	特定信道/信号解调	验证接收特定信号的能力，一般通过吞吐量验证
	信道状态信息上报	特定传播环境信道信息上报	验证检测无线传播环境变化的能力

以下就最常用的一些射频测试内容进行分析。

6.4.1.1　发射机指标

（1）功率类

发射机的指标主要是功率项。以 LTE 射频测试为例，包括输出功率动态范围（如输出最大功率、发射关断功率、开关时间模板）、输出频谱（如占用带宽、邻道泄漏功率比）、发射信号质量（如频率误差、误差矢量幅度、相位误差）等。对于输出最大功率，其值过大会对系统内其他信道产生干扰，其值过小会导致覆盖范围减小。发射关断功率为发射机传输关断时发射信号的平均功率。具体地，在不允许传输或者不在传输时期即为传输关断。开关时间模板是指传输信号从开到关或从关到开的时间跨度满足要求，确保对其他信道造成的干扰限定在一定范围内。占用带宽和邻道泄漏功率比可以保证有用的频谱发射严格符合标准要求。频率误差、误差矢量幅度和相位误差用来衡量调制质量，其中大部分测量项基于功率分布得出。

功率分析通过研究发射信号在频域的功率分布，分析发射信号的频谱，可以得到信号的占用带宽、最大功率、最大功率降低、占用带宽、频率误差、邻道泄漏比等有用信息。通过跟标准值进行比对，判断当前发射信号在频谱上是否符合要求。

平稳随机信号的自相关函数和功率谱密度是一对离散时间傅里叶变换对，因此通过求出平稳随机信号的自相关函数估计，再利用式(6-1)可得功率谱估计，即

$$\hat{P}_x(\omega)=DTFT\{\hat{R}_x[n]\} \tag{6-1}$$

式(6-1)称为相关法功率谱估计，或间接法功率谱估计[1]。

由于平稳随机信号 $x[k]$ 的自相关函数可以通过其 N 个观测值 $x_N[k]$ 与 $x_N[-k]$ 的卷积和计算，式(6-1)可以写成

$$\hat{P}_x(\omega)=DTFT\{\hat{R}_x[n]\}=\frac{1}{N}X_N^*(\mathrm{e}^{\mathrm{j}\omega})X_N(\mathrm{e}^{\mathrm{j}\omega})=\frac{1}{N}|X_N(\mathrm{e}^{\mathrm{j}\omega})|^2 \tag{6-2}$$

式(6-2)称为周期图法功率谱估计或直接法功率谱估计，即可以通过 $x_N[k]$ 的频谱得到功率谱估计。由功率谱即可得出其他射频指标的信息，因此只需按照测试协议的规定处理即可。

(2) 占用带宽

信号占用带宽即一个限定频率通带，通常占用带宽平均功率占整个发射信号平均功率的一定百分比 α（如 3GPP 规定的是 $\alpha=99\%$[2]）。如图 6-3 所示，根据测得的功率谱，可以求得发射信号占用带宽，从而验证发射信号带宽在信道带宽之内。

具体测量步骤如下。

a. 根据式(6-1)或式(6-2)得到频率和功率的对应信息。

b. 从最高频率开始，往频率减小的方向求功率和，一直到功率和为整个发射带宽的总功率和的 $(1-\alpha)/2$，得到上限频率 f_M。

c. 从最低频率开始，往频率增加的方向求功率和，同样达到总功率的 $(1-\alpha)/2$，得到下限频率 f_L。

d. f_M-f_L 即为测得的发射信号占用带宽。

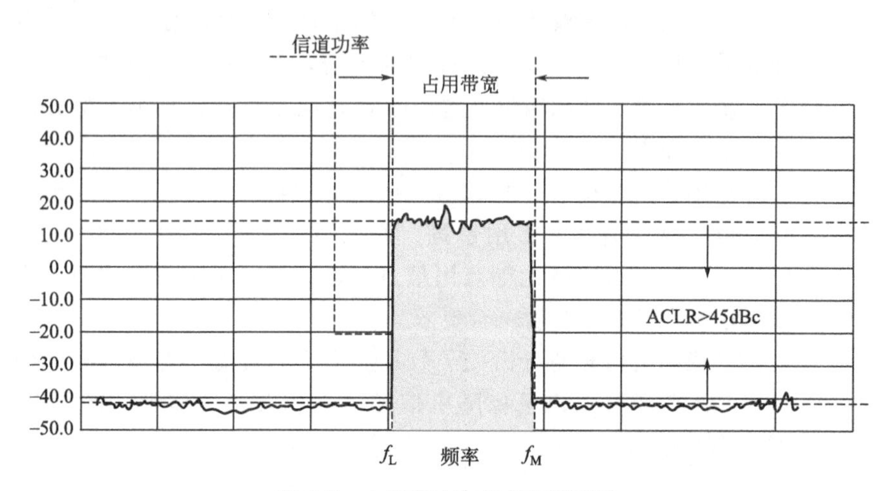

图 6-3　占用带宽及邻信道泄漏比

(3) 邻信道泄漏功率比

如图 6-3 所示，邻信道泄漏比（Adjacent Channel Leakage Ratio，ACLR）是主信道的发射功率与测得的相邻 RF 信道功率之比，通常用 dB 为单位，即发射机产生符合标准的有用信号和带外杂散的无用信号功率之比[3]，反映了系统内不同通信单元的干扰程度。根据测试协议的定义测量计算即可得出。

6.4.1.2 调制质量

(1) 误差矢量幅度

误差矢量幅度（Error Vector Magnitude，EVM）是指在给定时间上理想的信号（参考信号，R）和待测信号（Z）的矢量误差，其结果一般由误差矢量（$\boldsymbol{E}$）的平均功率与参考信号（R）的平均功率之比的平方根给出，以百分比的结果显示。EVM 避免用多个参数来表述发射信号，是一个很有价值的信号质量的指示器。在计算误差矢量幅度（EVM）之前，被测波形需要经过采样时间偏移和频偏的校正，即进行时域同步和频偏估计的过程，之后还需要移除载波泄漏，最后对被测波形进一步修正，选择其绝对相位和绝对幅度。

$$EVM=\frac{\sqrt{|E|}}{\sqrt{|R|}}=\frac{\sqrt{|Z-R|}}{\sqrt{|R|}}\times 100\% \quad (6\text{-}3)$$

这里的参考信号对应于标准的星座图信号，待测信号是发射机发送信号星座图。图 6-4 是误差矢量与参考信号、测量信号关系示意图。

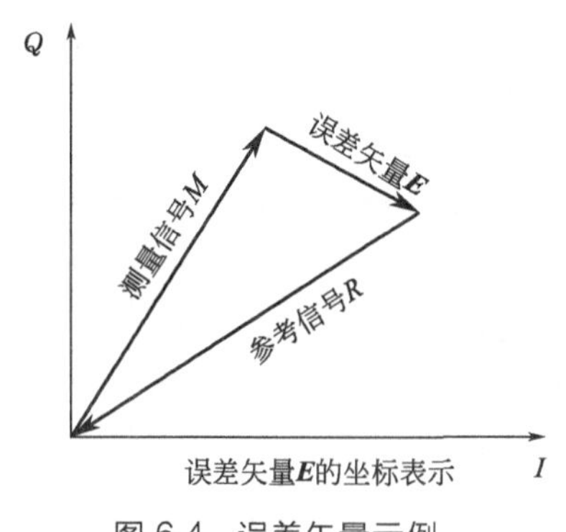

图 6-4 误差矢量示例

(2) 相位误差

对于采用正交调制的系统来说，由于非理想的发射机，I 路和 Q 路的载波可能存在幅度偏移以及相位误差的问题，其发射接收模型如图 6-5 所示[4]。假设相位偏移值为 ϕ，那么用来传输 x_i 的载波为 $\cos(2\pi f_c t+\phi/2)$，用来传输 x_q 的载波为 $\sin(2\pi f_c t-\phi/2)$。同时，实际中 I 路和 Q 路载波的幅度也有偏差，设 I 路载波幅值增益为 $1+\alpha/2$，Q 路载波幅值增益为 $1-\alpha/2$，那么用来传输 x_i 的载波为 $(1+\alpha/2)\cos(2\pi f_c t)$，用来传输 x_q 的载波为 $-(1-\alpha/2)\sin(2\pi f_c t)$。则在频域上，接收信号和发送信号的关系为

$$Y=\mu X+\nu X_{-1}^{*} \quad (6\text{-}4)$$

式中，X 为在频域上的发射信号；X_{-1}^{*} 是 X 取共轭对称；Y 为接收信号；μ、ν 是和 ϕ、α 有关的未知量。发送端已知信号和接收端信号，利用式(6-4) 即可求出发射机非理想的参数偏差。

(3) 频率误差

频率误差可以验证终端接收机和发射机正确处理频率的能力。由

于接收端移动等因素产生的多普勒效应，以及发射机、接收机之间的晶振频率不能绝对相等，导致接收端信号和发送端信号之间产生了一个大小为 f_{off} 的频率误差。频率误差对系统的影响较大，对采用正交频分复用技术的 LTE 制式影响尤为严重，会导致接收端不能准确解调有用信息。

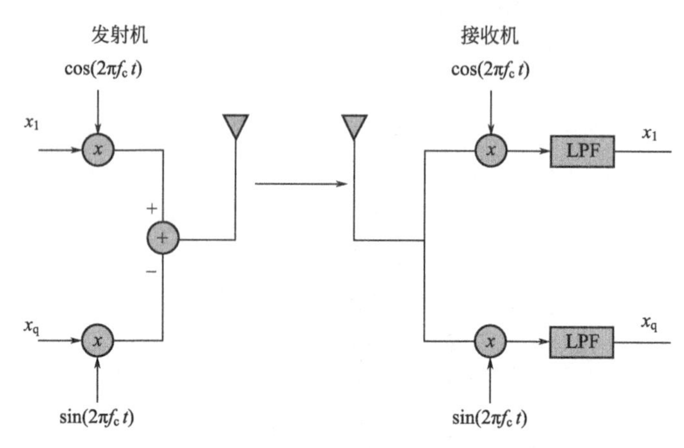

图 6-5　IQ 调制模型

忽略噪声因素并假设信号经过平坦衰落信道，根据文献［5］可知，通过式(6-5) 可以得到归一化频偏的估计值 $\hat{\varepsilon}$，其中 * 表示复共轭运算。r_n 为发送信号的第 n 个抽样点。

$$\hat{\varepsilon}=1/2\pi * \arg(r_n^* r_{n+N}) \tag{6-5}$$

由于实际接收端信号受到噪声和信道的频率选择性衰落等影响，这只是一个估计值。可以通过对 N_g 个估计值取平均得到更为精确的估计。LTE 系统中频率误差测试的步骤如图 6-6 所示。

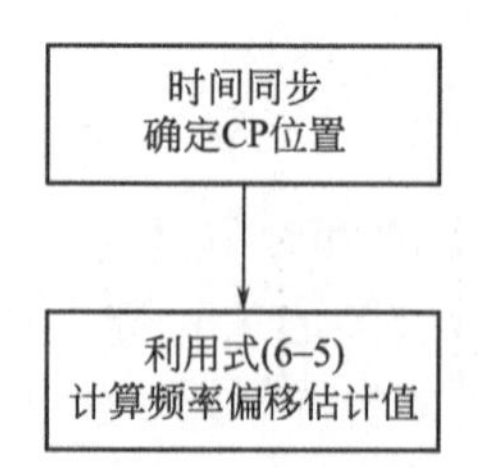

图 6-6　LTE 系统中频率误差测试步骤

6.4.1.3 性能测试

LTE 性能测试包括解调性能和信道状态信息上报两项。解调性能指在特定信道下进行信号解调，从而验证接收预定信号的能力，一般通过吞吐量测试验证。通常包括以下几类 LTE 物理信道：物理下行控制信道、物理控制格式指示信道、物理下行共享信道、物理广播频道、物理混合自动重传指示信道。信道状态信息上报在特定传播环境进行信道信息上报，从而验证检测无线传播环境变化的能力。

（1）解调性能

解调性能测试考察一个或多个天线接收器解调性能。衡量方式是在一定吞吐量下的信噪比（Signal-to-Noise Ratio，SNR 或 S/N）。对于所有的测试示例，SNR 的定义为[3]：

$$\mathrm{SNR}=\frac{\sum_{j=1}^{N_{RX}}\hat{E}_{\mathrm{s}}^{(j)}}{\sum_{j=1}^{N_{RX}}N_{\mathrm{oc}}^{(j)}} \tag{6-6}$$

式中，N_{RX} 表示接收器天线连接器数量；j 代表天线端口；$\hat{E}_{\mathrm{s}}^{(j)}$ 表示第 j 个天线有效信号功率；$N_{\mathrm{oc}}^{(j)}$ 表示第 j 个天线噪声功率。SNR 的定义不考虑预编码的增益。图 6-7[6] 显示了可用于执行 2 接收天线性能测试的天线连接示例。

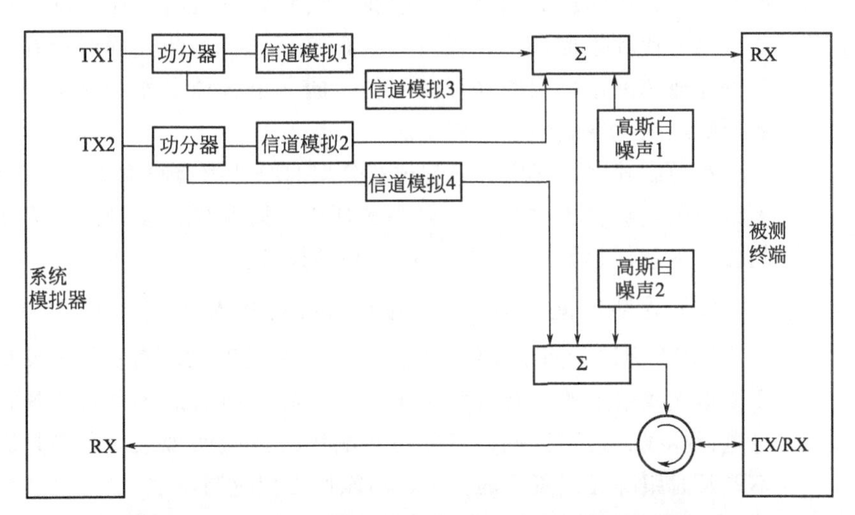

图 6-7　用于 2RX 测试的天线连接示例，天线配置为 2×2

（2）信道状态信息上报

信道状态信息上报是终端与基站建立连接之后进行的测量操作，是由终端反馈给基站侧的信道信息。信道状态信息上报主要考察终端的多输入多输出反馈性能，含如下几类测试项目。

a. 加性高斯白噪声环境下的信道质量指示（CQI）上报。

b. 衰落环境下的 CQI 上报。

c. 预编码矩阵指示上报。

d. 秩指示上报。

6.4.2 无线资源管理测试

无线资源管理（Radio Resource Management，RRM）是指在有限带宽下，通过灵活分配和动态调整无线传输和网络的可用资源，保证网络内无线终端业务质量，最大限度地提高频谱的利用效率。

RRM 一致性测试在通信测试领域占有重要地位。相比射频指标测试，RRM 一致性测试存在着更大的挑战。RRM 一致性测试系统通常被认为是通信测试领域技术难度最高的设备，只有国际顶尖的仪表公司才能设计和制造。其难度主要在于以下两点。

（1）网络结构复杂，模拟难度大

对 RRM 能力的评估，需要模拟真实的网络环境。由于移动通信网络是一个逐步演进的网络，目前我国实际运营的移动通信网络中有第二代、第三代和第四代，三代技术共存，至少 7 种制式同时存在；而且由于移动通信网络采用的是蜂窝系统，同一个区域必然会有多个小区信号的影响，因此网络环境非常复杂。

每种制式对无线资源的管理和分配的原理都有很大不同，因此 RRM 测试必须能够模拟多制式、多小区环境，以及模拟多制式、多小区之间的协作关系，也就是实现对异构网络的模拟。

（2）无线传播环境复杂，场景模拟难度大

RRM 测试不同于其他一致性测试，是动态的、对行为的测试，即需要模拟无线信道的动态变化和由于用户移动引起的各种行为操作。终端打电话掉线、搜不到网、发热等影响用户体验的现象，大多是因为终端不能及时跟踪无线资源的变化，不能作出相应调整。

RRM 一致性测试的主要测试项如表 6-2 所示，通过对相关制式下小区重选、切换、重建立、重定向性能、随机接入性能、传输时间精度、时间提前量精度、无线链路监控能力、测量上报过程、测量精度等的测试，验证与标准规定值的差异在一定范围内。

表 6-2 RRM 测试分类

分 类	测试内容
空闲状态移动性	小区选择
	小区重选
连接状态移动性	异系统小区重选
	系统内切换
	系统间切换
	非 3GPP 系统间切换
RRC 连接移动控制	随机接入
	RRC 重建
定时和信令特性	UE 发送定时
	UE 定时提前
	无线链路监测
UE 测量过程	事件触发测量报告
测量性能	参考信号接收功率
	参考信号接收质量

6.4.2.1 重选

小区重选（cell reselection）是指终端在空闲模式下，对比周围所有可搜索的小区信号质量，选择其中信号质量最好的小区接入的过程。该过程允许终端选择合适的小区以便访问可用的服务。在这个过程中，终端可以使用存储的信息（存储的信息小区选择）或不使用（初始小区选择）。

重选的目的是使终端能够连接到“最好的”小区。在满足相关网络配置参数时，终端利用周围小区的测量结果，重选到合适的小区。

终端首先评估基于优先级的所有 RAT（无线接入技术）频率，然后基于无线链路质量比较所有相关频率上的小区。最后在确定重选小区之前，还需验证该小区的可接入性。重选步骤如图 6-8 所示。根据 3GPP 标准 TS 36.521-3[7]，同频内小区重选测试项包括 FDD（频分双工）-FDD、FDD-TDD、TDD-FDD 和 TDD-TDD 四种不同重选方式。

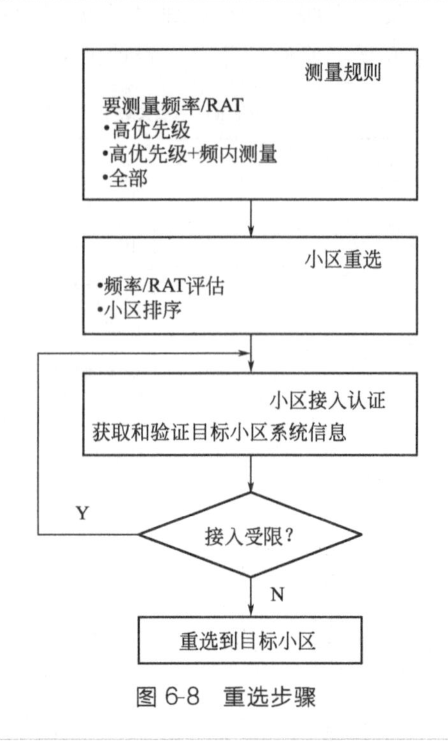

图 6-8　重选步骤

小区重选测试流程以 FDD-FDD 模式下 LTE 同频之间小区重选为例。测试目的是为了确保终端设备能够搜索和测量出性能较好小区，保证终端能够时刻保持最优的网络服务。小区重选性能测试主要以重选延时时间长短来衡量。时延越短代表终端的小区重选性能越好。

测试步骤如下[6]。

a. 终端设置于 2A 状态，并明确测试小区（cell 1）的物理识别码。

b. 设置好基站模拟器中的参数。

c. 设置被重选小区（cell 2）的物理识别码，cell 2 物理识别码＝(cell 2＋1)mod14＋2，以这个为循环重选小区。

d. 基站模拟器改变发射功率，等待终端发送的小区重选信息。

e. 若终端设备接收到基站所发送的小区重选信息 cell 2 的物理识别码，则开始进行小区重选。此时基站会提醒终端设备开关机。根据测试时延所需时间，判断测试是否通过。

f. 假如终端没有在一定时间范围内接收到基站的返回信息，就将终端设备重启，再继续重新执行步骤 a～e。

g.若步骤f成功，则通过基站模拟器改变发射功率，使终端重选至原小区。

h.若终端依然未能接收到基站的返回信息，那么该测试样本失败，再进行下一个测试。如果测试所有事件都通过，则直接进行下一个判断。

i.根据统计学，若95%以上的测试样本通过测试，则此测试通过，否则此测试不通过。

其中，如果所选小区是以前从未选择过的小区，即为未知小区，重选至未知目标小区时延表示为

$$T=T_{\mathrm{detect,E-UTRAN\_Intra}}+T_{\mathrm{SI-EUTRA}}$$

其中 $T_{\mathrm{detect,E-UTRAN\_Intra}}=32\mathrm{s}$。

$T_{\mathrm{SI-EUTRA}}=1280\mathrm{ms}$ 表示终端设备接收重选小区系统消息块所需时间[8]。因此重选新小区时间大约为33.28s，测试允许为34s。

若所重选的小区在以前小区重选中有选择过，即为已知小区，重选时延定义为重选回原小区的时延，则 $T_{\mathrm{evaluate,E-UTRAN\_Intra}}=6.40\mathrm{s}$，$T_{\mathrm{SI-EUTRA}}=1280\mathrm{ms}$。重选小区时延为 $T=7.68\mathrm{s}$，测试允许为8s。

小区重选测试流程如图6-9所示。

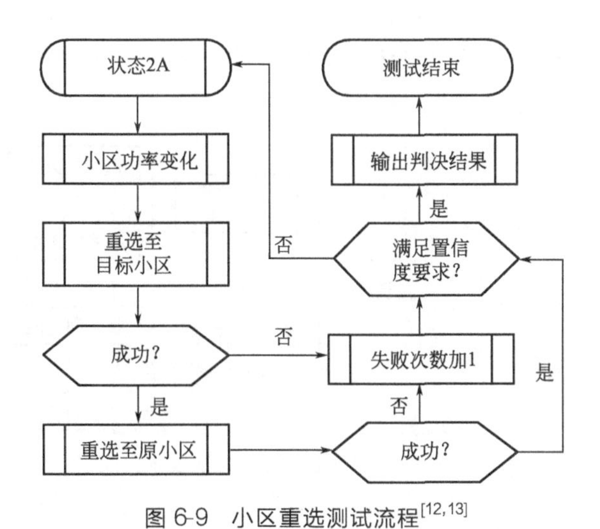

图6-9 小区重选测试流程[12,13]

6.4.2.2 切换

在蜂窝系统中，切换是指将正在进行的呼叫或数据会话从连接到核心网络的一个信道转移到另一个信道的过程。当终端离开一个小区覆盖

的区域并进入另一个小区覆盖的区域时，为了保证移动用户通信的连续性，将寻找最合适的网络为终端继续提供服务，实现无线网络无缝覆盖。当终端使用的信道受到不同小区使用中相同信道的另一终端的干扰时，该呼叫将有可能切换到同一小区中的不同信道或另一小区中的不同信道以避免干扰。为了减少由于“近-远”效应而对较小的相邻小区的干扰，即使在终端仍然具有与其当前小区的良好连接时，也可以引起切换。

切换性能的好坏不仅影响着网络通信的性能，而且决定手机是否需要频繁搜索网络信号，影响着手机的连接效率、功耗和续航。为了保证通信的连续性和正确性，需要对网络的切换进行测试。

网络的切换技术分类如图 6-10 所示，切换可划分为子网间切换和子网内切换。若切换前后移动节点所属的广播域相同，这种切换称为子网内切换；反之，如果切换前后移动节点所属的广播域不同，这种切换称为子网间切换。同时，移动节点在无线网络覆盖范围内移动过程中，从一种网络接入技术切换到另一种网络接入技术，这种切换称为技术间切换。移动节点在无线网络覆盖范围内移动过程中，切换前后接入网络属于同一种接入技术，这种切换称为技术内切换。具体来说，假如用户同时打开了数据流量和 WiFi 开关，在用户移动的过程中，可能会频繁地进行垂直切换；假如用户在两个小区边沿附近，可能会频繁地进行子网间切换；同时在 4G 信号较差的情况下，会存在 4G/3G/2G 间的切换。

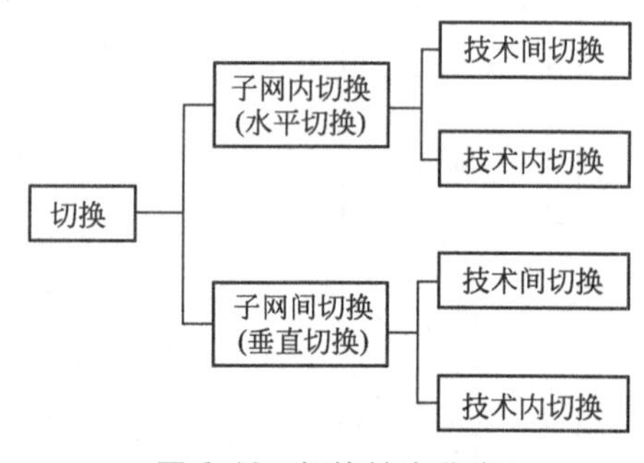

图 6-10　切换技术分类

切换测试根据切换流程分步进行。

① 网络感知　移动节点感知附近所有的接入点，获得这些接入点的网络状态信息。

② 切换决策阶段　一般分为两种，集中控制和分布式控制，移动节点或者切换控制服务器根据当前网络状态决定是否初始化切换操作，接

下来根据网络环境以及已有的切换算法做出切换决策，选出最优的候选接入点。切换决策属性集一般包括接收信号强度、切换时延、QoS、用户偏好以及网络负载均衡等。

③ 切换执行　即移动节点根据上一步获得结果选择最优的候选接入点切换接入。显然，切换决策是切换管理中的关键，因为切换算法的优劣直接影响切换性能以及切换后的网络整体性能。因此，需要对切换算法的优劣进行测试。

④ 评价切换性能　评价指标有平均切换次数（所有移动节点切换次数的平均值)、切换失败概率（移动节点切换操作失败的概率)、平均切换时延（所有移动节点从触发切换操作到完成切换建立新的无线连接所需要时间的平均值，是反映切换算法性能的一个重要指标)、平均吞吐量（所有移动节点每秒发送字节数的平均值）等。

LTE 小区切换测试流程原理如图 6-11 所示。

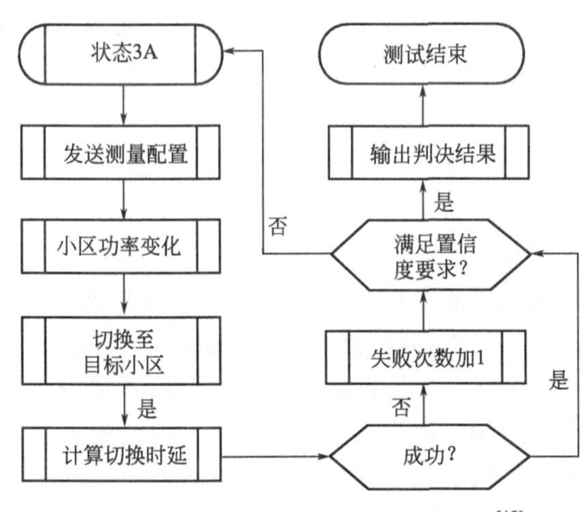

图 6-11　LTE 小区切换测试流程原理[13]

6.4.3　协议测试

随着计算机技术的发展、网络应用不断增加，其对服务质量要求不断提高，因此作为支撑着网络的基石的协议也在飞速发展中。协议开发的复杂性与难度呈爆炸性增长，然而协议一旦出现错误，将会给整个网络系统带来巨大的危害。协议工程（protocol engineering）由此而被提出。

协议工程采用形式化的方法代替直觉方法来描述协议中的每个活动，协议开发过程如图 6-12 所示[9]。通过采用形式化的方法进行协议开发，我们可以有效提高开发的效率，从而加快标准化协议实现的速度，同时极大提高网络软件的可靠性和降低维护的难度。其中协议测试是协议工程中的重中之重。

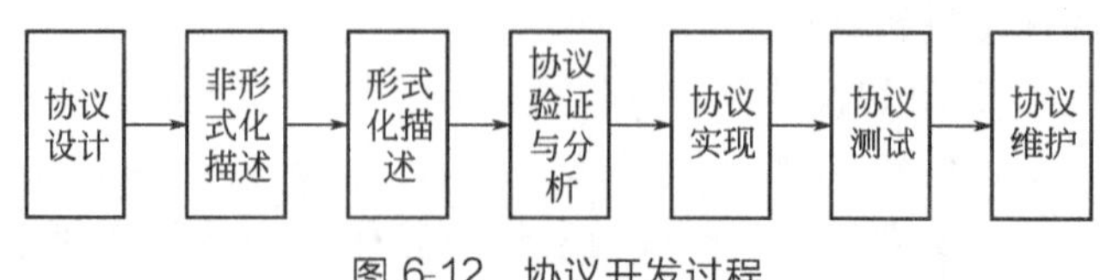

图 6-12 协议开发过程

标准化协议可以有多个不同的具体实现，而要确定这些不同的实现之间是否能够成功进行通信，则需要进行协议测试。不同的实现者可能对标准化协议有着不同的理解，从而产生了多种不同的协议实现，其中不乏与标准化协议相背离的情况。而且即使该协议实现是按照标准化协议进行的正确实现，也不能保证不同的实现之间能进行正确的通信。

因此，我们需要对协议进行测试来判别当前协议实现是否按照标准化协议进行了正确的实现，同时进一步检测当前协议实现与标准化协议之间、当前协议实现与其余协议实现之间是否是等价的，我们称这个过程为协议测试。

协议测试需要设计一组定义好的测试用例，不需要理解协议的实现原理及细节，只需要在外部观察被测实现（Implementation Under Test，IUT）的输出行为并分析测试结果，然后评估协议实现以确定 IUT 的功能或性能是否满足协议或用户的要求，因此协议测试属于黑盒测试。

协议测试包括以下四种测试[9]。

① 一致性测试　检查系统是否符合协议规范。

② 性能测试　检测协议实体或系统的性能指标（如数据传输率、连接时间、执行速度、吞吐量、并发度等）[10]。

③ 互操作性测试　检测同一协议不同实现版本之间或同一类协议不同实现版本之间的互通能力和互连操作能力[10]。

④ 鲁棒性测试　检测协议实体或系统在各种恶劣环境下运行的能力（如信道被切断、连续运行、注入干扰报文等）[11]。

6.4.3.1 协议一致性测试

协议一致性系统通过模拟网络侧功能，提供基于测试和测试控制表示法（Test and Testing Control Notation，TTCN）的终端测试环境，能够对终端各层（L1/L2/L3）的协议功能进行全面测试，支持自动化测试功能，能够实时显示测试关键信息，自动生成详细日志文件及测试报告文件，帮助用户获取数据、分析问题，最终协助开发人员保证终端芯片严格符合协议标准要求。

协议一致性测试的方法是以协议的标准文本描述为根据，对协议的某个实现进行测试，以此来判别该实现是否与其对应的协议标准相对应。它属于一种功能性测试。通常利用一组测试案例序列，在一定的网络环境下，对被测实现进行黑盒测试，通过比较 IUT 的实际输出与预期输出的异同实现[12]。

随着 ICT 的快速发展，网络协议日趋复杂，只有符合协议规范的协议实现才有效，因此一致性测试是保证协议实现质量的重要手段[10]。一致性测试已逐渐发展成为测试技术的一个重要分支，因此引起了众多研究机构的重视，大家专注于一致性测试的研究与发展，并投入大量的人力、物力，取得了一定成果。

（1）协议一致性测试原理

协议一致性测试技术经过多年发展，在很多方面都取得了很大的进展。ISO 在 20 世纪 90 年代制定了一套国际标准——ISO/IEC 9646[13]（CMTF：一致性测试方法和框架）。该标准描述了一种通用方法，用于测试声称已经实现协议标准的产品与其所实现协议的符合程度。同时，中国工业和信息化部也制定了部分一致性测试标准（YD/T 1251.1—2003）[14]，该标准规定了中间系统到中间系统路由交换协议（IS-IS）的一致性测试方法，包括 Level1 和 Level2 的路由广播测试，点到点、点到点链路测试、IP 认证、OSI 认证以及广播测试，适用于运行 IS-IS 协议的高低端路由器或其他设备。

ISO/IEC 9646 标准一共分为七个部分：基本概念、抽象测试集规范、TTCN 表示符号语言、测试实现、一致性判定过程对测试实验室和客户的要求、协议子集测试规范和协议实现一致性声明。

一致性的协议实现应该满足所有在协议规范中表达的一致性要求，而一致性要求所规定的内容是一个符合一致性要求的协议实现应该做些什么，哪些是不应该做的。通常协议规范的要求可以分为以下三类[15]。

① 必备要求　要求在所有的实现中都是可观察到的。

② 条件要求　只有当标准中的特殊条件满足时才可观察到。

③ 选择要求　为协调实现而可以选择实现的要求，由实现者来选择。

由于在协议规范中存在大量的可选择性实现的功能，因此在一个协议实现中这些可选功能可能会也可能不会被实现，导致在实现相同的协议标准时，不同的协议实现可能差别很大。因此协议实现者应向测试方提供所有已实现功能的协议实现的一致性声明（Protocol Implement Conformance Statements，PICS），以此告知测试人员需要进行什么类型的测试。

除了上述由 PICS 提供的信息外，一致性测试还需要被测实现和其测试环境相关的信息，即协议实现附加说明（Protocol Implementation Extra Information Statement，PIXIT），PIXIT 的作用是提供在测试过程中必须指定的协议参数。PIXIT 是测试集的一部分。

在协议标准中将一致性测试要求分为以下两组。

① 静态一致性要求　它指定了网络互连提供的最小功能以及选择可选功能时要遵循的限制。它指定协议实现应提供的最小功能以及不同可选功能之间的组合和一致性[16]。

② 动态一致性要求　构成协议标准的主体，定义了协议实现和外部环境进行通信过程中的所有可观察行为[16]。

因此，与此对应的一致性测试应包括静态测试和动态测试两类。

① 静态一致性测试　将协议实现者提供给测试者的协议实现一致性声明与协议规范中的静态一致性要求相比较[17]。

② 动态一致性测试　运行测试集对被测实现进行测试[17]。

协议测试分为三个部分，首先进行单元测试，然后进行集成测试，最后进行系统测试。其中 ISO/IEC 9646 标准建议的测试级别包括以下几个[13]。

① 基本连接测试（basic interconnection test）　检查测量的连接是否达到最小连接容量，是否可以接收和发送数据，从而具备进一步测试的条件。

② 能力测试（capability test）　检查被测实现是否符合静态一致性要求。

③ 行为测试（behavior test）　检查被测实现是否符合动态一致性要求。行为测试分为覆盖性测试（comprehensive testing）和穷尽性测试（exhaustive testing）两种，覆盖性测试要求测试序列对被测实现的所有转化都至少执行一次，穷尽性测试要求对每个转换的前后状态的一致性进行检查。

④ 一致性分解测试　更深一步地对特殊要求的 IUT 进行一致性测试，例如测试非标准性能等。

（2）协议一致性测试方法

在协议一致性测试中，要对 N 层协议间服务和协议单元进行观察，因此提出控制观察点（Point of Control and Observation，PCO）的概念。在不同的 PCO 上使用不同的测试方法时，测试执行系统也会是不同的结构。对于一个 N 层协议实现 IUT，可以使用一个叫做测试器（tester）的实体接收和发送服务原语，而 PCO 就是测试器使用的抽象服务访问点[18]。其中测试器分为上测试器（Upper Tester，UT）和下测试器（Lower Tester，LT）两种。UT 通过 PCO 与 IUT 交换 N 层的抽象服务原语（Abstract Service Primitives，ASP），LT 通过 PCO 与 IUT 交换（$N-1$）层的 ASP，而 UT 与 LT 之间则是通过（$N-1$）层的另外一个通道来交换测试协同信息（Coordinated Information，CI）。协议一致性测试方法主要分为四种方法：本地测试法、分布式测试法、协同测试法、远程测试法[15]。

① 本地测试法　该测试场景是 UT、LT 和 IUT 在同一台机器中，低层通信系统不需要支持测试。其中 UT 和 IUT 的接口设在 IUT 的上部，LT 和 IUT 的接口设在 IUT 的底部，通过将 UT 和 LT 集成到同一个系统中，使测试协同过程更加容易实现。使用 LT 和 UT 执行的服务原语来描述测试案例，其中 LT 扮演的是低层服务提供者的角色。本地测试法结构如图 6-13 所示。

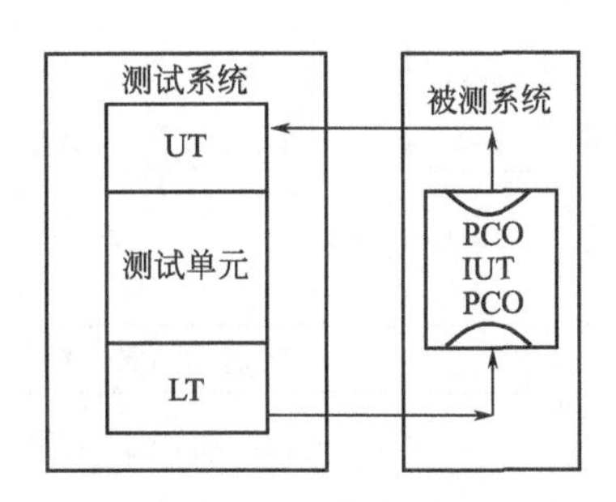

图 6-13　本地测试法结构

② 分布式测试法　该测试场景是 UT 和 IUT 处于同一台机器之中，而 LT 设在远程测试机器中。LT 扮演（$N-1$）层服务使用者的角色，对远程系统上的（$N-1$）层服务原语进行控制和观察，本地的（$N-1$）层服务边界上没有 PCO。分布式测试法结构如图 6-14 所示。

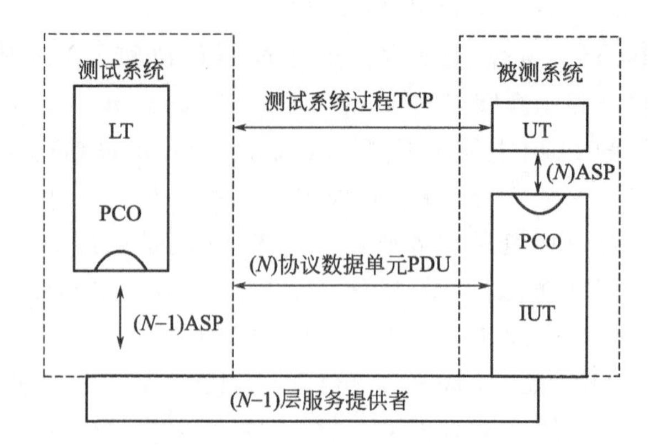

图 6-14 分布式测试法结构

③ 协同测试法　该测试法与分布式测试法在很多地方都是相似的，区别两者的最好方法是在协同测试法中引入测试管理协议（Test Management Protocol，TMP）的概念，TMP 主要用于实现 LT 和 UT 之间的测试协同过程。协同测试方法结构如图 6-15 所示。

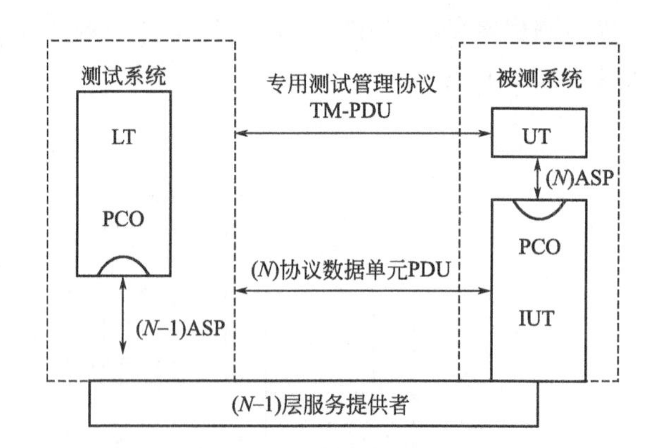

图 6-15 协同测试法结构

④ 远程测试法　与其他测试法不同，远程测试法中没有 UT，因此也不用考虑 UT 和 LT 的协同问题。远程测试法是利用（$N-1$）层服务原语和（N）层 PDU 进行测试，用（$N-1$）层服务原语对测试案例进行描述，此方法在无法观察和控制 IUT 的上下边界时非常有用。远程测试法结构如图 6-16 所示。

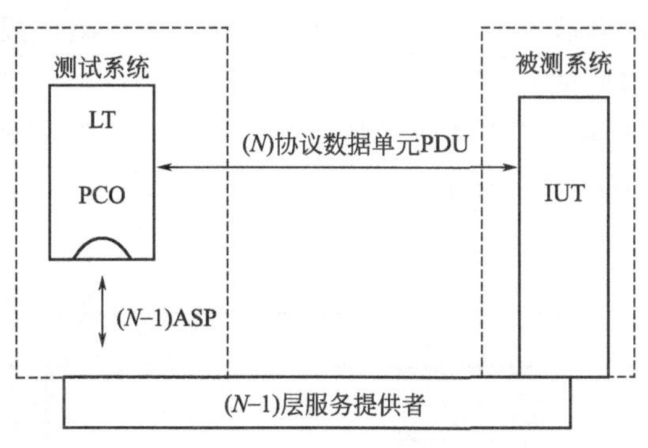

图 6-16 远程测试法结构

(3) 协议一致性测试例

在协议一致性测试执行之前，协议实现人员应向协议测试方提供协议规范和服务规范，以及由两者制定的协议实现一致性声明（PICS），列出协议能够实现的功能，从而协议测试者能够知道进行何种测试[19]。另外，在测试之前，还需要提供被测实现 IUT 和测试环境相关的信息，即协议实现附加信息（PIXIT）[19]。PIXIT 能够向协议测试人员提供协议测试时必须要提供的参数，如测试过程中所需要的时钟、网络通信的地址等其他信息。在协议一致性测试中非常重要的两个步骤是设计抽象测试集（ATS），并根据协议实现的 PICS 和 PIXIT 从 ATS 中选择合适的测试例，以生成可以在实际测试系统上执行的可执行测试集（ETS）。

目前进行协议一致性测试例的开发主要使用的是基于标准化 ATS 语言的第三代测试和测试控制表示法（TTCN-3）的测试例开发方法。在通常情况下，TTCN-3 用来完成协议一致性测试工作，该语言最大的优势在于语法清晰、可执行性较高、可并发测试、有较强的匹配机制等，目前已成为通用的测试语言之一。

在基于标准化 ATS 语言的 TTCN-3 的测试例开发方法中，每一个测试集都包含两个部分，即主测试成分（Main Test Component，MTC）和并行测试成分（Parallel Test Component，PTC），如图 6-17 所示。

所有的测试例都是基于主测试成分进行定义以及执行的，其中主测试成分的定义包含在每一个测试集中。主测试成分运行完成意味着整个测试例运行完成，此时所有并行测试成分即使仍未完成也都将被终止。在测试过程中可以添加多个并行测试成分，而且并行测试成分能够被动态创建。

每一个测试集之间的关系是平等的，它们可以根据测试需求被添加到对应的测试集中，其中主测试成分、并行测试成分通过接口进行消息的传递与处理。

测试集通过抽象测试系统接口封装真正的测试系统接口，对被测系统（System Under Test，SUT）展开测试。

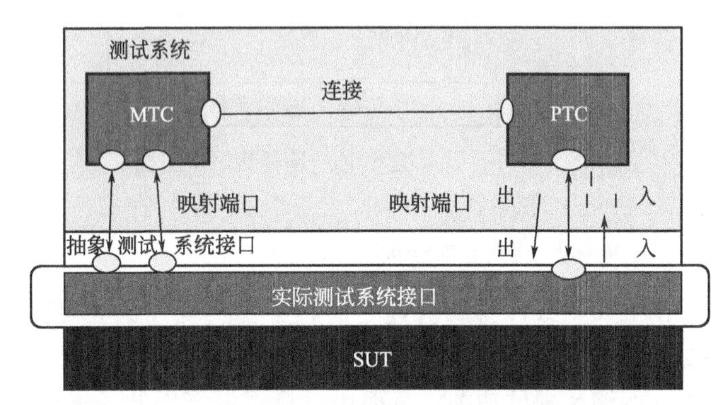

图 6-17 测试集组成

6.4.3.2 其他协议测试

(1) 协议互操作性测试

互操作性测试通常运用于研发阶段，对被测实现以及与其连接的其他协议实现之间在不同网络操作环境中是否都能够成功进行交互进行测试；同时对该被测实现是否完成了协议标准中规定的功能进行测试，若被测设备能够通过这一系列互操作测试，则说明它可以支持我们所需要的功能。目前对互操作性测试的研究取得了以下具体成果：

a. ETSI TS 102237《互操作测试方法和途径》；

b. ETSI TS 202237《互操作测试方法》；

c. ITU-T Z. itfm《互操作测试框架和方法》[20]；

d. ISO 正在许多协议簇中增加互操作测试；

e. 中国通信行业标准 YD/T 1521—2006《路由协议互操作性测试方法》[21]。

互操作性测试通常采用一致性操作和互操作性测试都认可的设备与被测设备进行互操作的测试形式，其系统结构模型如图 6-18 所示。

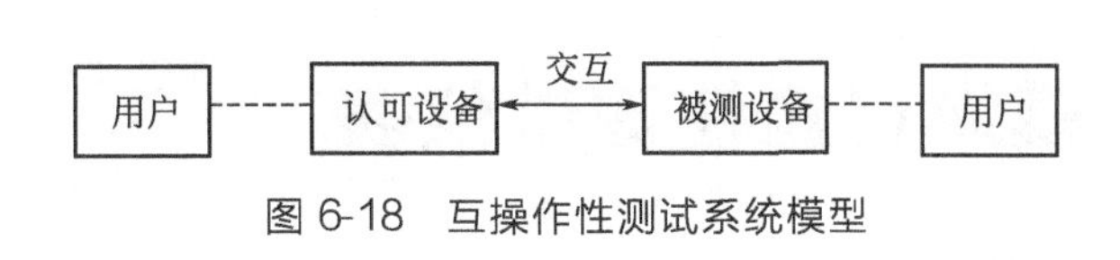

图 6-18 互操作性测试系统模型

一致性测试和互操作性测试都是对协议实现的正确性、准确性等进行测试的必不可少方法，它们可以进行相互验证、相互补充。

互操作性测试主要是对被测系统中不同设备进行互操作的能力进行测试，但通过互操作性测试不能说明设备就是符合标准的。而一致性测试主要是测试设备是否符合标准，但通过一致性测试不能说明设备之间可以进行通信以及互操作。因此互操作性测试与一致性测试不能互相取代，它们都是不可缺少的，两者相互验证、相辅相成。

（2）协议性能测试

协议性能测试的目的是测试 IUT 在不同负载下的性能。性能测试由用户执行，与互操作性测试一样，Tester 既可以是人也可以是软件程序。

（3）鲁棒性测试

鲁棒性测试的目的是检测协议实体或系统在恶劣环境下的运行能力，主要包括切断信道、掉电、长时间持续运行、注入干扰报文等。

6.4.3.3 协议测试技术的发展

随着协议的全面发展，其功能日益复杂，复杂度急剧增加，协议的一致性测试也日益困难。同时，随着形式化验证技术的普及，如何提高协议一致性测试的形式化验证效率将成为一个亟待解决的问题。因此在协议测试中需要解决的关键问题可以概括如下。

（1）形式化

形式化是进行协议一致性测试的基础，它以严谨的数学推导为基础，能够对协议的功能、性能及行为等进行准确的描述，是使用系统化和自动化的方法进行协议分析、验证、实现、测试等过程的必要基础。

（2）研究重点

a. 测试理论的形式化；

b. 抽象测试方法研究；

c. 测试集自动生成技术；

d. 通用测试平台的研制；

e. 测试控制描述语言与支撑工具的研究等。

6.5 模块化通信测试仪表

随着人们对数据通信需求的不断增长，无线通信技术也日趋发展，多种无线标准共存的趋势日益明显。这给射频设计和测试的相关人员带来了全新的挑战。在这样的背景下，需要测试系统灵活面对多种测试环境和测试对象，模块化仪表应运而生。由于大多数的测试仪表都是通过将被测物理量转变成模拟电量，再通过 A/D 转换变成数字量。这就意味着，无论待测物理量是什么，最终都是对数字量进行处理，只是其测量模块不同。这使模块化仪表的实现成为可能。

6.5.1 模块化仪表原理

模块化仪表包括共享的硬件、高速总线和开放软件，其主要架构如图 6-19 所示（省略了电源、时钟、接口等）。其中以软件为中心，配合模块化的硬件。硬件负责信号的上下变频和数字处理，软件实现测试测量。这样，工程师不仅可以获得原始的测量数据、自定义测试需求、完成未包含在厂商硬件系统内的测量，还可以实现多种无线标准的同时测试。

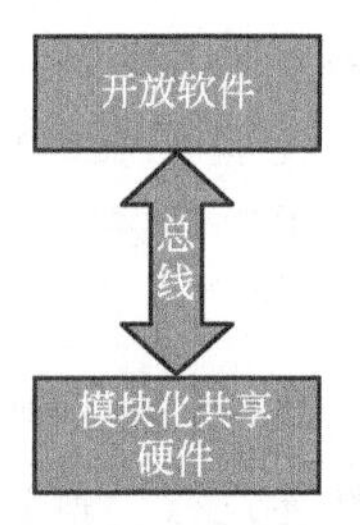

图 6-19 模块化仪表架构

（1）模块化共享硬件

将仪器硬件按照功能进行划分，这些具备独立功能的模块可以重复使用[22]。通常包括数字信号发生器/分析器、任意信号发生器、数字万用表、数字示波器、射频（RF）信号发生器、射频（RF）信号分析器、开关阵列、动态信号采集卡等。模块化降低了测试仪器的开发成本，同时使快速搭建仪器变得可能。

（2）开放软件

软件是模块化仪表中最重要的部分，它通过确定的算法将来自硬件的数据流转变成测试结果并在界面上可视化。工程师可以利用软件对仪器进行配置，完成特定的测量任务。相同的仪器硬件，通过开发不同的应用软件，用户可以进行自定义测量，完成不同的测试功能，因此能够及时测试和仿真最新的协议标准，实现多种无线标准的同时测试，适应不断变化的测试需求。软件上可以用多次测量和统计平均的方法消除系统噪声的影响，并能改建、拆散和重建系统。软件主要包括通用化的底层驱动软件、模块化的测试软件和测试数据可视化软件。

通过应用软件将计算机和模块硬件结合，模块化仪表相比传统的仪器具有以下特点。

① 以软件模型代替硬件　通过软件实现了传统仪器中由硬件实现的部分功能，使测试系统的硬件大大简化，降低了测试成本。

② 扩展性强　当仪器模块损坏或者更新测试功能时，只需在原有系统上更换或增减仪器硬件模块和软件模块，以较小的成本快速完成。

③ 实时性较差　模块化仪表并非十全十美。软件处理需要借助数字信号处理技术，而数字信号处理和存储带来了时延，牺牲了实时性。

6.5.2 模块化仪表实现

无线通信的媒介是无线信道，5G/4G/3G 等移动通信制式都有特定的无线信道模型。为了降低仪表的成本和扩展适应性，无线信道模拟器必须采用模块化共享硬件、开放的软件和高速总线完成对不同制式对应的无线信道的模拟。因此信道模拟器是模块化仪表实现的典型样例。

无线信道模拟器需要综合考虑多径、时延、多普勒、时变快速衰落、空间相关性等信道传播效应，需要完成复杂的数字信号处理算法，算法复杂度较高，数据源速率高达 Gbps 级，待处理数据量巨大。另外，由于信道模拟需要连续不间断处理且有系统最小时延要求，而且多径间的时间分辨率为纳秒级的时间精度要求，因此，对数字信号处理算法的复杂度及其实现的实时性提出了严格的限制。

因此，信道模拟单元（Channel Emulate Unit，CEU）采用擅长并行处理的高性能 FPGA 芯片为基础设计，如图 6-20 所示[23]，基于仪器与测试高级电信运算架构的扩展（Advanced TCA Extensions for Instrumentation and Test，AXIe）架构的 CEU 主要包括了 4 片高性能的

FPGA 及一片 DSP 用于基带信号处理，运行底层信号处理算法。

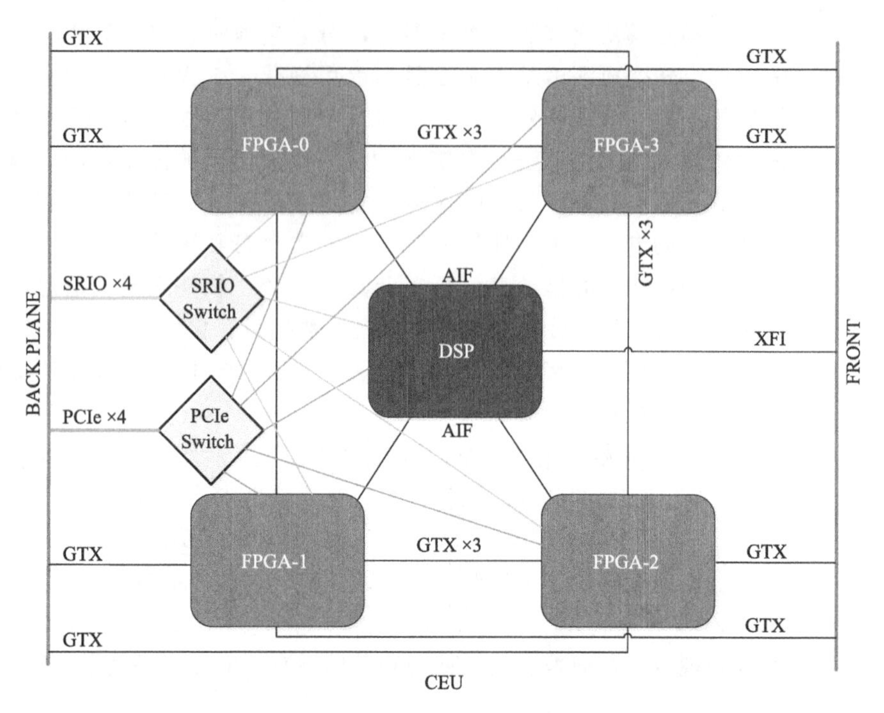

图 6-20 信道模拟单元设计[23]

模块化信道模拟器关键的技术要点包括以下几个。

（1）同步控制

同步控制功能需要实现射频、基带间多条通路间的同步。在信道模拟中，尤其是 MIMO 信道模拟时，要求各个逻辑信道总是保持精确的时间同步，否则信道模拟将失去其建模基础。同步控制功能通过外部参考钟、外部 Trigger 信号以及高速基带信号中的信标信号进行同步判断及逻辑信道整体时延调整，最终保证基带部分各个逻辑信道间严格的时间同步。

（2）增益控制

增益控制功能用于信道模拟中各个逻辑信道的整体增益控制。逻辑信道中每条径的增益由信道冲击响应（CIR）幅度控制；而增益控制功能对整个逻辑信道增益进行控制，其主要目的是保证最终信道模拟始终在有效动态范围内进行计算。

(3) 相位控制

相位控制用于各个信道模拟端口的相位调整，其主要目的是在进行 OTA（Over The Air）、波束赋形等测试时，依据校准相位值对基带通道进行相位补偿，也可用于波束赋形信道模型的相位配置实现。

(4) 信道卷积

信道卷积功能实现输入信号和 CIR 系数的卷积，主要由乘法器构成。信道卷积的重要功能是将依据 Doppler 频率存储的 CIR 进行非整数插值至信号采样速率，保证信道卷积能够以简单的相同速率信号相乘实现。此过程中需要考虑定速率插值、变速率插值、多项滤波器等多种数字信号处理方法的结合。

(5) 基带路由

基带路由功能负责射频数据和基带信号处理器之间的路由工作，实现基带信道模拟的分布式信号处理。

6.6 通信测试自动化

6.6.1 云测试

云计算技术备受各个行业的关注。以移动 APP 的测试为例，国内外多家公司建立了云测试平台，如国内就有百度 MTC（移动云测试中心）、阿里 MQC（移动测试平台）以及腾讯公司的优测等，这些平台可为开发者提供自动化测试，包括软件兼容性测试、功能测试、性能测试等。可以预见，移动通信领域的相关测试也将向着云测试的方向发展。这是由于一方面移动通信发展迅速，通信标准推陈出新，通信测试的市场需求与日俱增。而传统测试仪器固件中没有定义的测试以及新标准的测试就难以执行，或者当要求变化时难以对系统进行修改。另一方面，传统的终端测试方案投入巨大，不仅需要购置大量价格昂贵的测试仪表，还需要配备大量相关的测试人员，同时测试系统群的管理也非常烦琐及复杂。云测试可以充分利用计算机集群的硬件资源来加速测试过程，并且降低了测试成本，使测试更加集约化和规范化。

通常云测试平台由客户端、服务器群和集成工具三个部分组成[24]，如图 6-21 所示。终端测试仪表通过网络经由集成工具连接到测试平台，可以同时支持多个用户在线测试。其中各个子系统的功能如表 6-3 所示。

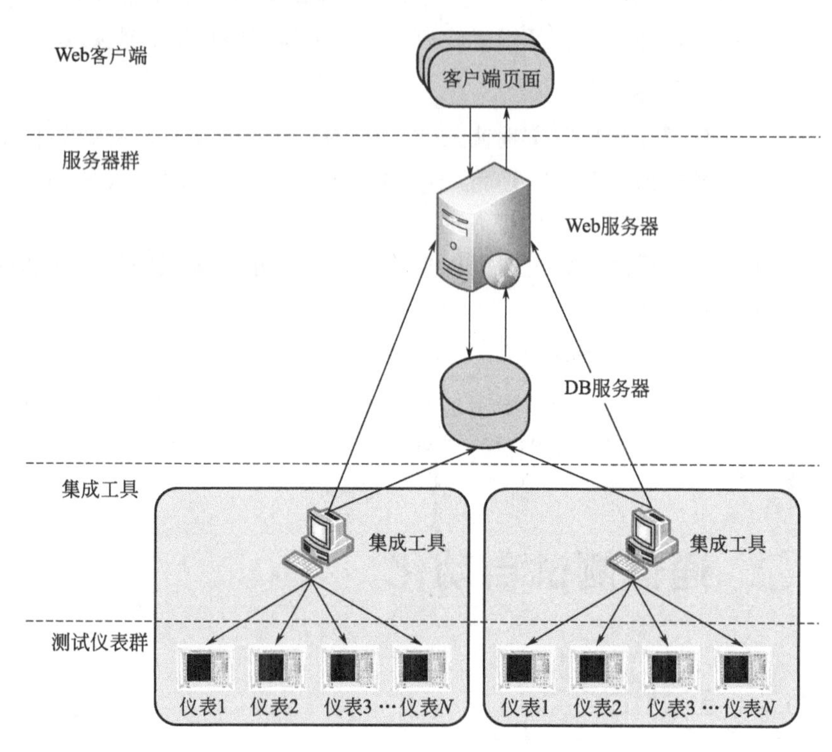

图 6-21 云测试平台系统构成

表 6-3 云测试平台子系统功能

子系统	模块	功 能
Web 客户端	网页客户端	用户可以在任意一台联网的 PC 端提交测试任务，查看测试结果
服务器群	Web 服务器	基于 S2SH 框架的网页服务器，响应用户的请求
	DB 服务器	数据库，存放用户数据和测试结果
集成工具	集成工具	连接网络及测试仪表，转发各种上下行测试数据，控制测试仪表完成测试，并返回测试数据

根据终端测试平台系统的功能需求，平台划分为四个功能模块：系

统配置及初始化、用户管理、测试仪表管理和测试任务管理。系统功能模块构成如图 6-22 所示。

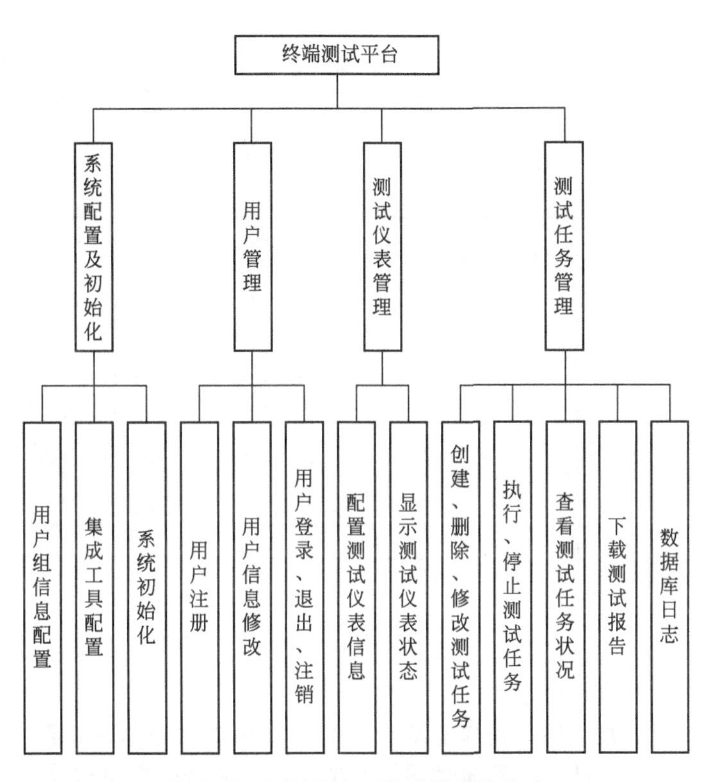

图 6-22 测试平台系统功能模块构成

系统配置及初始化主要包括：管理员通过网页客户端使用 Root 账号登录系统进行用户组信息配置；通过集成工具配置界面进行与服务器连接的配置。系统通过初始化进入工作状态。

用户管理主要包括新用户注册、已登录用户修改用户信息、用户登录、退出、注销等。

测试仪表管理主要包括：用户在测试仪表使用前，将测试仪表 IP、功能列表、所属集成工具 IP 等信息配置到数据库。用户通过页面编辑测试仪表状态，页面上显示测试仪表当前状态——仪表故障、已分配测试任务和未分配测试任务三种状态。

测试任务管理主要包括：已登录用户可以创建测试任务，在页面上删除用户所属的测试任务以及修改该用户未执行的测试任务信息；通过网页将测试任务分配至测试仪表，控制测试任务的执行和停止；根据权限查看所属用户的测试任务情况，下载测试报告。同时服务器将对数据库的指定操作记录在数据库日志中，包括用户登录相关信息和数据库内容修改的相关信息。

通过以上功能模块，云测试系统可以按照业务流程进行测试任务。测试任务执行时序图如图 6-23 所示。

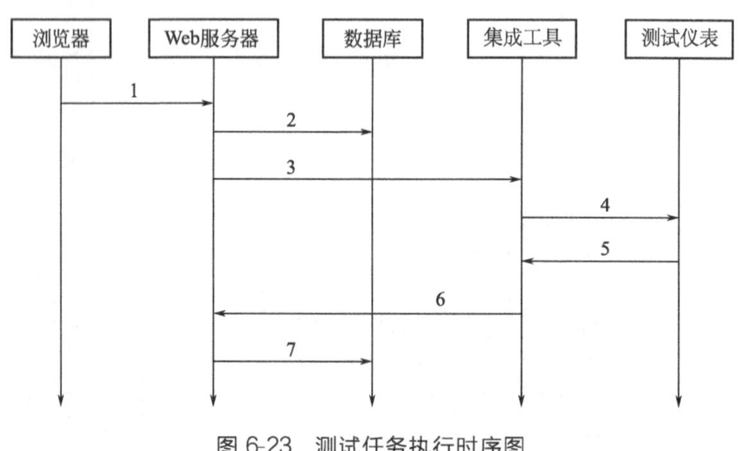

图 6-23 测试任务执行时序图

a. 被测终端连接完毕且参数表本地调试正常后，用户通过网页控制测试任务执行，浏览器将执行测试任务的命令发送至 Web 服务器。

b. Web 服务器收到执行测试任务命令，查询数据库获得该测试任务的信息。

c. Web 服务器根据测试任务中指定测试仪表信息，查询该测试仪表所属的集成工具 IP，将测试任务分配至该集成工具；同时将该测试仪表在数据库中的状态标识为“占用”，并且修改该测试任务的状态标识为“正在执行”。

d. 集成工具收到 Web 服务器执行测试任务的命令，根据其中包含的指定仪表的 IP 信息，将测试任务发送给集成工具核心程序，集成工具核心程序解析测试任务，并根据测试任务内容控制测试仪表执行测试例。

e. 测试例执行后，测试仪表将结果反馈给集成工具核心程序。

f. 集成工具将测试结果发送至服务器。

g. 服务器将测试结果写入数据库，并根据情况更新测试任务状态

（完成与否）。

6.6.2 总线控制技术

在智能制造领域中，常常涉及数据采集与监控、机械状况监视、过程监控和产品测试，可以通过总线接口对测试仪器的各项功能进行自动控制，如图 6-24 所示。

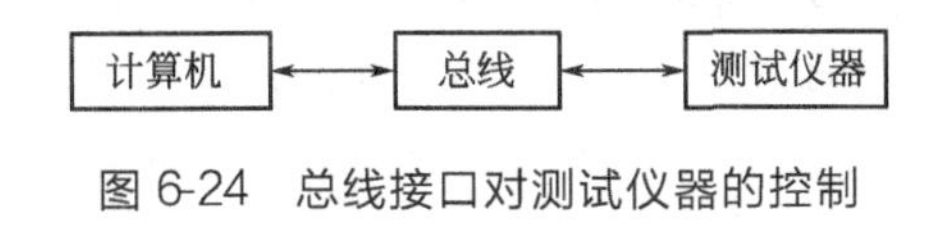

图 6-24 总线接口对测试仪器的控制

计算机通过总线与测试仪器建立连接，屏蔽平台软硬件内部通信协议、数据结构等。总线技术在自动化测试系统的发展过程中起着十分重要的作用。其中总线包括通用接口总线（General Purpose Interface Bus，GPIB）、总线在仪器领域的扩展（VMEbus eXtensions for Instrumentation，VXI）、PCI 总线在仪器领域的扩展（PCI eXtensions for Instrumentation，PXI）和仪器与测试高级电信运算构架的扩展（Advanced TCA eXtensions for Instrumentation and test，AXIe）等。

（1）GPIB 总线

GPIB 总线也称为 IEEE 488 总线，其源头可追溯到 1965 年，但至今还作为通用接口标准广泛应用在电子测量设备的远程控制上。目前大多数电子测量设备几乎都配备有 GPIB 接口。可以说正是 GPIB 总线的出现揭开了“自动化测试”的序幕。

GPIB 总线是一种并行的总线，包括 8 条数据线、5 条控制线、8 条地线，采用比特并行、字节串行的双向异步通信方式。传输速率一般为 250～500kbps，最高可达 1Mbps。接口系统内仪器数目最多不能超过 15 台，并且 GPIB 系统所使用的电缆总长度小于 20m。

GPIB 总线具备很多优点，其简单易实现，并且具有标准化硬件接口——许多台式仪器都装配有接口。通常连接多个设备到一个控制器。

但是 GPIB 电缆的可靠性较差，相比更现代的接口，其带宽比较低，由于每个测试仪器的设备都有自己的指令集，这使编程使用 GPIB 更费时、昂贵和复杂。因此实际测试系统中需要综合考虑所有的优点和缺点，除了设备成本还需考虑时间成本。

（2）VXI 总线

VXI 总线吸取了 GPIB 总线技术的一些经验，作为一种开放式仪器结构标准，VXI 总线以其优越的测试速度和可靠性，吸引了许多仪器生产厂商都参与其中，因此 VXI 总线自动测试系统得到迅速推广。

相比 GPIB 的低速率，VXI 是一种 32 位并行总线，理论上最大传输速率可达 40Mbps。VXI 总线规范是一个开放的结构标准，通用性强，兼容 GPIB 总线，使各个厂商的产品可以混合使用。因此 VXI 总线被称为新一代仪器接口总线，标志着测量和仪器系统进入一个崭新的阶段。

（3）PXI 总线

PXI 结合了外围组件互连（Peripheral Component Interconnection，PCI）的电气总线特性，此外增加了坚固的 CompactPCI 机械外形，用于路由同步时钟的集成时序和同步，并在内部触发。PXI 是一种面向未来的技术，旨在随着测试、测量和自动化要求的变化而简单快速地重新编程，支持 32 位或 64 位数据传输，PXI 结构紧凑、系统可靠稳定且价格优势明显。

PXI 是目前使用的几种模块化电子仪器平台之一，其规范由 PXI Systems Alliance 组织维护，被用作构建电子测试设备、自动化系统和模块化实验室仪器的基础。PXI 基于行业标准的计算机总线，可以灵活地构建设备。通常模块都配有定制软件来管理系统。PXI Express 是 PCI Express 对 2005 年开发的 PXI 外形的一种改进，将每个方向的可用系统数据速率提高到 6Gbps。PXI Express 还允许使用混合插槽，兼容 PXI 和 PXI Express 模块。在 2015 年，NI 将标准扩展到使用 PCI Express 3.×，将系统带宽提高到 24Gbps，从而适用于更多新兴的测试应用领域。

（4）AXIe 总线

仪器与测试高级电信运算构架的扩展（AdvancedTCA eXtensions for Instrumentation and test，AXIe）是由 Aeroflex、安捷伦科技和 Test Evolution Corporation 创建的模块化仪器标准，是在 PXI 标准、LXI 标准和 IVI 标准的基础上制定的、针对测试应用的系统架构。AXIe 是以 AdancedTCA 为基础的大型电路板的开放式系统体系结构，是高性能仪器的理想选择。

参考文献

[1] 陈后金，薛健，胡健. 数字信号处理. 北京：高等教育出版社，2012：214-215.

[2] 3GPP TS 36. 104 V14. 3. 0. Base Station（BS）radio transmission and reception, Mar.，2017.

[3] 3GPP TS 36. 521-1V 14. 2. 0. Evolved Universal Terrestrial Radio Access（E-UTRA）; User Equipment（UE）conformance specification; Radio transmission and reception;Part1：Conformance testing, Mar.，2017.

[4] 张浩，叶梧，冯穗力，等. 基于LS的OFDM零中频接收机IQ不平衡数字补偿技术. 电路与系统学报，2005，（2）：91-94.

[5] Landstrom D, Wilson S K, J. J. van de Beek, et al. Symbol time offset estimation in coherent OFDM systems. 1999 IEEE International Conference on Communications（Cat. No. 99CH36311），Vancouver, BC, 1999, vol. 1：500-505.

[6] 摩尔实验室. LTE终端RRM一致性测试小区重选介绍.

[7] 3GPP TS 36. 521-3 V14. 2. 0. Evolved Universal Terrestrial Radio Access（E-UTRA）; User Equipment（UE）conformance specification; Radio transmission and reception; Part3：Radio Resource Management（RRM）conformance testing, Mar.，2017.

[8] 3GPP TS 36. 133. Evolved Universal Terrestrial Radio Access（E-UTRA）; Requirements for support of radio resource management, Jul.，2015.

[9] 谢昊飞. 协议测试概述. https：//wenku.baidu. com/view/bf69d4c60066f5335b81219f. html

[10] 张颖蓓. LDP协议一致性测试研究与实现[D]. 长沙：国防科学技术大学，2003.

[11] 毕军，史美林. 计算机网络协议测试及其发展. 电信科学，1996（07）：51-54.

[12] 落红卫. 协议测试技术分析—— 一致性测试与互操作测试[J]电信网技术，2007（03）：58-60.

[13] ISO/IEC 9646-1：1994. Information technology—Open Systems Interconnection—Conformance testing methodology and framework—Part 1：General concepts.

[14] YD/T 1251. 1-2003. 路由协议一致性测试方法——中间系统到中间系统路由交换协议（IS-IS）.

[15] 肖冰. 协议一致性测试系统的设计与实现[D]. 北京：北京邮电大学，2015.

[16] 崔厚坤，汤效军，梁志成，等. IEC 61850一致性测试研究. 电力系统自动化，2006（8）：80- 83+ 88.

[17] 朱琴跃，陆晔祺，谭喜堂，等. 列车用CAN协议一致性测试平台的设计与实现. 计算机应用，2014，34（S2）：59-62.

[18] 顾芒芒. 移动自组织网络协议一致性测试方法研究[D]. 杭州：浙江理工大学，2016.

[19] 郑红霞，田军，张玉军，等. IPv6协议一

致性测试例的设计. 计算机应用，2003（4）：62-64.

[20] ITU-T Z. itfm. Interoperability testing framework and methodology.

[21] YD/T 1521—2006. 路由协议互操作性测试方法.

[22] NI 公司. 设计下一代测试系统的开发者指南.

[23] 马楠，陈建侨. 5G 信道模拟器关键技术及实现. 通信世界，2017（18）：46-47.

[24] 张珂，马楠. 基于 S2SH 框架的终端测试平台的研究与实现. 软件，2016，37（8）：74-80.

索 引

J

Q

R

T

W

X

Y

Z